Tabellen zur Berechnung von Wasserrohrleitungen

Von

Dipl.-Ing. H. Marung

Beratender Bauingenieur

Springer-Verlag

Berlin / Göttingen / Heidelberg

1957

Alle Rechte, insbesondere das der Übersetzung in fremde Sprachen, vorbehalten

Ohne ausdrückliche Genehmigung des Verlages ist es auch nicht gestattet,
dieses Buch oder Teile daraus auf photomechanischem Wege
(Photokopie, Mikrokopie) zu vervielfältigen

© by Springer-Verlag OHG., Berlin/Göttingen/Heidelberg 1957

ISBN-13: 978-3-540-02194-0   e-ISBN-13: 978-3-642-48011-9
DOI: 10.1007/ 978-3-642-48011-9

Einleitung

Die vorliegenden Tabellen für vollaufende Kreisrohre umfassen sämtliche in den letzten Jahrzehnten üblichen Rohrdurchmesser von 40 bis 500 mm. Die Berechnung gründet sich auf die KUTTERsche Formel $J = \dfrac{v^2}{P \cdot K^2}$, wo J das relative Gefäll bedeutet (h/l), P den hydraulischen Halbmesser $(D/4)$ und K eine vom Rohrdurchmesser abhängige Konstante.

Der Wert der Tabellen liegt in ihrer geringen Maschenweite. Bis $Q = 25$ l/sek beträgt sie 0,1 l/sek und geht weiter nicht über 1% von Q hinaus, während die bisher veröffentlichten Tabellen bis 50% Maschenweite aufweisen. Der Leistungsumfang liegt bei allen Rohrweiten in dem Zwischenraum von mindestens 0,10 bis 3,00 m, womit dem praktischen Bedürfnis reichlich genügt wird. Demgegenüber erstrecken sich die Geschwindigkeiten bekannter Tabellen bei kleinen Rohrweiten nur über etwa 1 m und gehen bei den großen bis zu ganz unzweckmäßigen Höhen hinauf. So ist der praktische Wert aller älteren Tabellen nur gering.

Man kann mit diesen Tabellen ohne Interpolation Rechnungen durchführen, deren Genauigkeit mindestens derjenigen entspricht, wie sie solche hydraulischen Rechnungen an sich erreichen. Die in den Tabellen enthaltenen Werte sind von logarithmischer Genauigkeit und die J-Werte aus mindestens 8 Stellen hinter dem Komma auf 6 Stellen abgerundet.

Die Arbeit mit den Tabellen ist denkbar einfach: Der gegebene Wert wird in einer der Tabellen aufgesucht und die beiden gesuchten daneben abgelesen. Ist beispielsweise die gesuchte Abflußmenge $Q = 93$ l/sek gegeben und es gilt, einen passenden Rohrdurchmesser zu suchen, so geht man etwa in die Tafel für 350 mm und findet dort bei $Q = 93$ für J das Gefäll von 0,003636 und die Fließgeschwindigkeit 0,97 m/sek. Steht dieses Gefäll nicht zur Verfügung, so findet man in der Tafel für 400 mm ein Gefäll von 0,001756 mit einer Fließgeschwindigkeit von 0,74 m/sek. Hat man dagegen ein erheblich größeres Gefäll zu Verfügung, so kommt man vielleicht bei 0,008448 und 1,32 m/sek mit einem Rohr von 300 mm Weite aus.

Vielfach in Gebrauch sind auch für solche Rechnungen hydraulische Rechenschieber. Sie erreichen aber nicht die Genauigkeit dieser Tabellen, und ihr Gebrauch ist erheblich anstrengender.

Juni 1957

H. Marung

$Q = 0{,}0\text{—}5{,}0$ Durchmesser: 40 mm—65 mm

Q	Durchmesser 40 mm		Durchmesser 50 mm		Durchmesser 60 mm		Durchmesser 65 mm	
	J	v	J	v	J	v	J	v
0,0	0,000 000	0,00	0,000 000	0,00	0,000 000	0,00	0,000 000	0,00
0,1	0,000 776	0,08	0,000 217	0,05	0,000 077	0,04	0,000 049	0,03
0,2	0,003 103	0,16	0,000 869	0,10	0,000 309	0,07	0,000 196	0,06
0,3	0,006 982	0,24	0,001 956	0,15	0,000 694	0,11	0,000 441	0,09
0,4	0,012 412	0,32	0,003 477	0,20	0,001 234	0,14	0,000 784	0,12
0,5	0,019 394	0,40	0,005 433	0,25	0,001 928	0,18	0,001 225	0,15
0,6	0,027 923	0,48	0,007 823	0,31	0,002 777	0,21	0,001 764	0,18
0,7	0,038 011	0,56	0,010 648	0,36	0,003 789	0,25	0,002 401	0,21
0,8	0,049 647	0,64	0,013 907	0,41	0,004 946	0,28	0,003 136	0,24
0,9	0,062 502	0,72	0,017 602	0,46	0,006 258	0,32	0,003 969	0,27
1,0	0,077 410	0,80	0,021 730	0,51	0,007 723	0,35	0,004 900	0,30
1,1	0,093 865	0,88	0,026 294	0,56	0,009 343	0,39	0,005 930	0,33
1,2	0,111 707	0,95	0,031 292	0,61	0,011 117	0,42	0,007 057	0,36
1,3	0,131 100	1,03	0,036 724	0,66	0,013 045	0,46	0,008 282	0,39
1,4	0,152 045	1,11	0,042 591	0,71	0,015 118	0,50	0,009 605	0,42
1,5	0,174 542	1,19	0,048 893	0,76	0,017 354	0,53	0,011 026	0,45
1,6	0,198 590	1,27	0,055 630	0,81	0,019 745	0,57	0,012 545	0,48
1,7	0,224 189	1,35	0,062 801	0,87	0,022 291	0,60	0,014 162	0,51
1,8	0,251 340	1,43	0,070 406	0,92	0,024 990	0,64	0,015 878	0,54
1,9	0,280 043	1,51	0,078 446	0,97	0,027 844	0,67	0,017 691	0,57
2,0	0,310 296	1,59	0,086 921	1,02	0,030 852	0,71	0,019 602	0,60
2,1	0,342 102	1,67	0,095 831	1,07	0,034 014	0,74	0,021 611	0,63
2,2	0,375 459	1,75	0,105 175	1,12	0,037 331	0,78	0,023 718	0,66
2,3	0,410 367	1,83	0,114 953	1,17	0,040 802	0,81	0,025 923	0,69
2,4	0,446 827	1,91	0,125 166	1,22	0,044 427	0,85	0,028 227	0,72
2,5	0,484 838	1,99	0,135 814	1,27	0,048 206	0,88	0,030 628	0,75
2,6	0,624 400	2,07	0,146 897	1,32	0,052 140	0,92	0,033 127	0,78
2,7	0,565 514	2,15	0,158 414	1,38	0,056 228	0,95	0,035 724	0,81
2,8	0,608 179	2,23	0,170 366	1,43	0,060 470	0,99	0,038 420	0,84
2,9	0,652 395	2,31	0,182 752	1,48	0,064 867	1,03	0,041 213	0,87
3,0	0,698 164	2,39	0,195 573	1,53	0,069 417	1,06	0,044 104	0,90
3,1	0,745 484	2,47	0,208 828	1,58	0,074 122	1,10	0,047 093	0,93
3,2	0,794 355	2,55	0,222 518	1,63	0,078 981	1,13	0,050 181	0,96
3,3	0,844 778	2,63	0,236 643	1,68	0,083 995	1,17	0,053 366	0,99
3,4	0,896 753	2,71	0,251 202	1,73	0,089 163	1,20	0,056 649	1,02
3,5	0,950 279	2,79	0,266 196	1,78	0,094 485	1,24	0,060 031	1,05
3,6	1,005 357	2,86	0,281 624	1,83	0,099 961	1,27	0,063 510	1,08
3,7	1,061 986	2,94	0,297 488	1,88	0,105 591	1,31	0,067 087	1,12
3,8	1,120 167	3,02	0,313 785	1,93	0,111 376	1,34	0,070 763	1,15
3,9	1,179 900	3,10	0,330 518	1,99	0,117 315	1,38	0,074 536	1,18
4,0	1,241 184	3,18	0,347 686	2,04	0,123 409	1,41	0,078 407	1,21
4,1			0,365 286	2,09	0,129 656	1,45	0,082 377	1,24
4,2			0,383 322	2,14	0,136 058	1,49	0,086 444	1,27
4,3			0,401 793	2,19	0,142 614	1,52	0,090 610	1,30
4,4			0,420 698	2,24	0,149 325	1,56	0,094 873	1,33
4,5			0,440 038	2,29	0,156 189	1,59	0,099 234	1,36
4,6			0,459 813	2,34	0,163 208	1,63	0,103 694	1,39
4,7			0,480 022	2,39	0,170 381	1,66	0,108 251	1,42
4,8			0,500 666	2,44	0,177 709	1,70	0,112 907	1,45
4,9			0,521 744	2,49	0,185 190	1,73	0,117 660	1,48
5,0			0,543 257	2,55	0,192 826	1,77	0,122 512	1,51

$Q = 5{,}0\text{—}10{,}0$ Durchmesser: 50 mm—65 mm

Q	Durchmesser 50 mm		Durchmesser 60 mm		Durchmesser 65 mm	
	J	v	J	v	J	v
5,0	0,543 257	2,55	0,192 826	1,77	0,122 512	1,51
5,1	0,565 205	2,60	0,200 616	1,80	0,127 461	1,54
5,2	0,587 587	2,65	0,208 561	1,84	0,132 509	1,57
5,3	0,610 404	2,70	0,216 659	1,87	0,137 654	1,60
5,4	0,633 655	2,75	0,224 912	1,91	0,142 898	1,63
5,5	0,657 341	2,80	0,233 320	1,95	0,148 239	1,66
5,6	0,681 462	2,85	0,246 881	1,98	0,153 679	1,69
5,7	0,706 017	2,90	0,250 597	2,02	0,159 216	1,72
5,8	0,731 007	2,95	0,259 467	2,05	0,164 852	1,75
5,9	0,756 432	3,00	0,268 491	2,09	0,170 585	1,78
6,0	0,782 291	3,06	0,277 670	2,12	0,176 417	1,81
6,1			0,287 002	2,16	0,182 346	1,84
6,2			0,296 489	2,19	0,188 374	1,87
6,3			0,306 131	2,23	0,194 500	1,90
6,4			0,315 926	2,26	0,200 723	1,93
6,5			0,325 876	2,30	0,207 045	1,96
6,6			0,335 980	2,33	0,213 464	1,99
6,7			0,346 238	2,37	0,219 982	2,02
6,8			0,356 651	2,41	0,226 598	2,05
6,9			0,367 217	2,44	0,233 311	2,08
7,0			0,377 938	2,48	0,240 123	2,11
7,1			0,388 814	2,51	0,247 033	2,14
7,2			0,399 843	2,55	0,254 040	2,17
7,3			0,411 027	2,58	0,261 146	2,20
7,4			0,422 365	2,62	0,268 350	2,23
7,5			0,433 858	2,65	0,275 651	2,26
7,6			0,445 504	2,69	0,283 051	2,29
7,7			0,457 305	2,72	0,290 549	2,32
7,8			0,469 261	2,76	0,298 144	2,35
7,9			0,481 370	2,79	0,305 838	2,38
8,0			0,493 634	2,83	0,313 630	2,41
8,1			0,506 052	2,86	0,321 519	2,44
8,2			0,518 624	2,90	0,329 507	2,47
8,3			0,531 351	2,94	0,337 593	2,50
8,4			0,544 231	2,97	0,345 777	2,53
8,5			0,557 266	3,01	0,354 058	2,56
8,6			0,570 456	3,04	0,362 438	2,59
8,7			0,583 799	3,08	0,370 916	2,62
8,8			0,597 297	3,11	0,379 492	2,65
8,9			0,610 950	3,15	0,388 166	2,68
9,0			0,624 756	3,18	0,396 937	2,71
9,1					0,405 807	2,74
9,2					0,414 775	2,77
9,3					0,423 841	2,80
9,4					0,433 005	2,83
9,5					0,442 267	2,86
9,6					0,451 627	2,89
9,7					0,461 085	2,92
9,8					0,470 641	2,95
9,9					0,480 295	2,98
10,0					0,490 047	3,01

$Q = 0{,}0\text{—}5{,}0$ Durchmesser: 70 mm—100 mm

Q	Durchmesser 70 mm		Durchmesser 80 mm		Durchmesser 90 mm		Durchmesser 100 mm	
	J	v	J	v	J	v	J	v
0,0	0,000 000	0,00	0,000 000	0,00	0,000 000	0,00	0,000 000	0,00
0,1	0,000 032	0,03	0,000 015	0,02	0,000 008	0,02	0,000 004	0,01
0,2	0,000 129	0,05	0,000 061	0,04	0,000 031	0,03	0,000 017	0,03
0,3	0,000 290	0,08	0,000 136	0,06	0,000 070	0,05	0,000 039	0,04
0,4	0,000 516	0,10	0,000 243	0,08	0,000 125	0,06	0,000 069	0,05
0,5	0,000 806	0,13	0,000 379	0,10	0,000 195	0,08	0,000 108	0,06
0,6	0,001 160	0,16	0,000 546	0,12	0,000 281	0,09	0,000 156	0,08
0,7	0,001 579	0,18	0,000 743	0,14	0,000 383	0,11	0,000 212	0,09
0,8	0,002 062	0,21	0,000 970	0,16	0,000 500	0,13	0,000 276	0,10
0,9	0,002 610	0,23	0,001 228	0,18	0,000 633	0,14	0,000 350	0,11
1,0	0,003 222	0,26	0,001 516	0,20	0,000 781	0,16	0,000 432	0,13
1,1	0,003 899	0,29	0,001 834	0,22	0,000 945	0,17	0,000 523	0,14
1,2	0,004 640	0,31	0,002 183	0,24	0,001 125	0,19	0,000 622	0,15
1,3	0,005 445	0,34	0,002 562	0,26	0,001 320	0,20	0,000 730	0,17
1,4	0,006 315	0,36	0,002 971	0,28	0,001 531	0,22	0,000 847	0,18
1,5	0,007 250	0,39	0,003 411	0,30	0,001 757	0,24	0,000 972	0,19
1,6	0,008 248	0,42	0,003 881	0,32	0,001 999	0,25	0,001 106	0,20
1,7	0,009 312	0,44	0,004 381	0,34	0,002 257	0,27	0,001 249	0,22
1,8	0,010 439	0,47	0,004 912	0,36	0,002 530	0,28	0,001 400	0,23
1,9	0,011 632	0,49	0,005 473	0,38	0,002 819	0,30	0,001 560	0,24
2,0	0,012 888	0,52	0,006 064	0,40	0,003 124	0,31	0,001 728	0,25
2,1	0,014 209	0,55	0,006 685	0,42	0,003 444	0,33	0,001 905	0,27
2,2	0,015 595	0,57	0,007 337	0,44	0,003 780	0,35	0,002 091	0,28
2,3	0,017 045	0,60	0,008 019	0,46	0,004 131	0,36	0,002 285	0,29
2,4	0,018 559	0,62	0,008 732	0,48	0,004 498	0,38	0,002 488	0,31
2,5	0,020 138	0,65	0,009 475	0,50	0,004 881	0,39	0,002 700	0,32
2,6	0,021 781	0,68	0,010 248	0,52	0,005 279	0,41	0,002 920	0,33
2,7	0,023 489	0,70	0,011 051	0,54	0,005 693	0,42	0,003 149	0,34
2,8	0,025 261	0,73	0,011 885	0,56	0,006 122	0,44	0,003 387	0,36
2,9	0,027 098	0,75	0,012 749	0,58	0,006 568	0,46	0,003 633	0,37
3,0	0,028 999	0,78	0,013 644	0,60	0,007 028	0,47	0,003 888	0,38
3,1	0,030 964	0,81	0,014 568	0,62	0,007 505	0,49	0,004 142	0,39
3,2	0,032 994	0,83	0,015 523	0,64	0,007 997	0,50	0,004 424	0,41
3,3	0,035 088	0,86	0,016 509	0,66	0,008 504	0,52	0,004 705	0,42
3,4	0,037 247	0,88	0,017 525	0,68	0,009 027	0,53	0,004 994	0,43
3,5	0,039 470	0,91	0,018 571	0,70	0,009 566	0,55	0,005 292	0,45
3,6	0,041 578	0,94	0,019 647	0,72	0,010 121	0,57	0,005 599	0,46
3,7	0,044 110	0,96	0,020 754	0,74	0,010 691	0,58	0,005 914	0,47
3,8	0,046 527	0,99	0,021 891	0,76	0,011 276	0,60	0,006 238	0,48
3,9	0,049 008	1,01	0,023 058	0,78	0,011 878	0,61	0,006 571	0,50
4,0	0,051 553	1,04	0,024 255	0,80	0,012 495	0,63	0,006 912	0,51
4,1	0,054 163	1,07	0,025 483	0,82	0,013 127	0,64	0,007 262	0,52
4,2	0,056 837	1,09	0,026 742	0,84	0,013 775	0,66	0,007 621	0,53
4,3	0,059 576	1,12	0,028 030	0,86	0,014 439	0,68	0,007 988	0,55
4,4	0,062 379	1,14	0,029 349	0,88	0,015 119	0,69	0,008 364	0,56
4,5	0,065 247	1,17	0,030 698	0,90	0,015 814	0,71	0,008 748	0,57
4,6	0,068 179	1,20	0,032 078	0,92	0,016 524	0,72	0,009 142	0,59
4,7	0,071 175	1,22	0,033 488	0,94	0,017 250	0,74	0,009 543	0,60
4,8	0,074 236	1,25	0,034 928	0,96	0,017 992	0,75	0,009 954	0,61
4,9	0,077 362	1,27	0,036 398	0,97	0,018 750	0,77	0,010 373	0,62
5,0	0,080 552	1,30	0,037 899	0,99	0,019 523	0,79	0,010 800	0,64

$Q = 5{,}0\text{—}10{,}0$ Durchmesser: 70 mm—100 mm

Q	Durchmesser 70 mm		Durchmesser 80 mm		Durchmesser 90 mm		Durchmesser 100 mm	
	J	v	J	v	J	v	J	v
5,0	0,080 552	1,30	0,037 899	0,99	0,019 523	0,79	0,010 800	0,64
5,1	0,083 806	1,33	0,039 430	1,01	0,020 312	0,80	0,011 237	0,65
5,2	0,087 125	1,35	0,040 992	1,03	0,021 116	0,82	0,011 682	0,66
5,3	0,090 508	1,38	0,042 583	1,05	0,021 936	0,83	0,012 135	0,67
5,4	0,093 955	1,40	0,044 206	1,07	0,022 772	0,85	0,012 598	0,69
5,5	0,097 467	1,43	0,045 858	1,09	0,023 623	0,86	0,013 069	0,70
5,6	0,101 044	1,46	0,047 541	1,11	0,024 490	0,88	0,013 548	0,71
5,7	0,104 685	1,48	0,049 254	1,13	0,025 372	0,90	0,014 036	0,73
5,8	0,108 390	1,51	0,050 997	1,15	0,026 270	0,91	0,014 533	0,74
5,9	0,112 160	1,53	0,052 771	1,17	0,027 184	0,93	0,015 039	0,75
6,0	0,115 994	1,56	0,054 575	1,19	0,028 113	0,94	0,015 553	0,76
6,1	0,119 893	1,59	0,056 409	1,21	0,029 058	0,96	0,016 075	0,78
6,2	0,123 856	1,61	0,058 274	1,23	0,030 019	0,97	0,016 607	0,79
6,3	0,127 884	1,64	0,060 169	1,25	0,030 995	0,99	0,017 147	0,80
6,4	0,131 976	1,66	0,062 094	1,27	0,031 986	1,00	0,017 696	0,81
6,5	0,136 132	1,69	0,064 050	1,29	0,032 994	1,02	0,018.253	0,83
6,6	0,140 353	1,71	0,066 035	1,31	0,034 017	1,03	0,018 819	0,84
6,7	0,144 638	1,74	0,068 052	1,33	0,035 055	1,05	0,019 393	0,85
6,8	0,148 988	1,77	0,070 098	1,35	0,036 110	1,07	0,019 977	0,87
6,9	0,153 402	1,79	0,072 175	1,37	0,037 180	1,08	0,020 568	0,88
7,0	0,157 881	1,82	0,074 282	1,39	0,038 265	1,10	0,021 169	0,89
7,1	0,162 424	1,85	0,076 420	1,41	0,039 366	1,12	0,021 778	0,90
7,2	0,167 032	1,87	0,078 588	1,43	0,040 483	1,13	0,022 396	0,92
7,3	0,171 704	1,90	0,080 786	1,45	0,041 615	1,15	0,023 022	0,93
7,4	0,176 440	1,92	0,083 014	1,47	0,042 763	1,16	0,023 657	0,94
7,5	0,181 241	1,95	0,085 273	1,49	0,043 927	1,18	0,024 301	0,95
7,6	0,186 106	1,97	0,087 562	1,51	0,045 106	1,19	0,024 953	0,97
7,7	0,191 036	2,00	0,089 882	1,53	0,046 301	1,21	0,025 614	0,98
7,8	0,196 030	2,03	0,092 231	1,55	0,047 511	1,23	0,026 284	0,99
7,9	0,201 089	2,05	0,094 611	1,57	0,048 737	1,24	0,026 962	1,01
8,0	0,206 212	2,08	0,097 022	1,59	0,049 979	1,26	0,027 649	1,02
8,1	0,211 399	2,10	0,099 462	1,61	0,051 236	1,27	0,028 345	1,03
8,2	0,216 651	2,13	0,101 933	1,63	0,052 509	1,29	0,029 049	1,04
8,3	0,221 968	2,16	0,104 435	1,65	0,053 797	1,30	0,029 762	1,06
8,4	0,227 349	2,18	0,106 966	1,67	0,055 102	1,32	0,030 483	1,07
8,5	0,232 794	2,21	0,109 528	1,69	0,056 421	1,34	0,031 213	1,08
8,6	0,238 304	2,23	0,112 161	1,71	0,057 757	1,35	0,031 952	1,09
8,7	0,243 878	2,26	0,114 743	1,73	0,059 108	1,37	0,032 699	1,11
8,8	0,249 516	2,29	0,117 396	1,75	0,060 474	1,38	0,033 456	1,12
8,9	0,255 219	2,31	0,120 079	1,77	0,061 856	1,40	0,034 220	1,13
9,0	0,260 987	2,34	0,122 793	1,79	0,063 254	1,41	0,034 994	1,15
9,1	0,266 819	2,36	0,125 537	1,81	0,064 668	1,43	0,035 775	1,16
9,2	0,272 715	2,39	0,128 311	1,83	0,066 097	1,45	0,036 566	1,17
9,3	0,278 676	2,42	0,131 116	1,85	0,067 542	1,46	0,037 365	1,18
9,4	0,284 701	2,44	0,133 951	1,87	0,069 002	1,48	0,038 173	1,20
9,5	0,290 791	2,47	0,136 816	1,89	0,070 478	1,49	0,038 990	1,21
9,6	0,296 945	2,49	0,139 711	1,91	0,071 969	1,51	0,039 815	1,22
9,7	0,303 164	2,52	0,142 637	1,93	0,073 477	1,52	0,040 649	1,24
9,8	0,309 447	2,55	0,145 593	1,95	0,074 999	1,54	0,041 491	1,25
9,9	0,315 794	2,57	0,148 580	1,97	0,076 538	1,56	0,042 342	1,26
10,0	0,322 206	2,60	0,151 597	1,99	0,078 092	1,57	0,043 202	1,27

$Q = 10{,}0 - 15{,}0$ Durchmesser: 70 mm — 100 mm

Q	Durchmesser 70 mm		Durchmesser 80 mm		Durchmesser 90 mm		Durchmesser 100 mm	
	J	v	J	v	J	v	J	v
10,0	0,322 206	2,60	0,151 597	1,99	0,078 092	1,57	0,043 202	1,27
10,1	0,328 682	2,62	0,154 644	2,01	0,079 661	1,59	0,044 070	1,29
10,2	0,335 223	2,65	0,157 721	2,03	0,081 247	1,60	0,044 947	1,30
10,3	0,341 828	2,68	0,160 829	2,05	0,082 848	1,62	0,045 833	1,31
10,4	0,348 498	2,70	0,163 967	2,07	0,084 464	1,63	0,046 727	1,32
10,5	0,355 232	2,73	0,167 135	2,09	0,086 096	1,65	0,047 630	1,34
10,6	0,362 031	2,75	0,170 334	2,11	0,087 744	1,67	0,048 542	1,35
10,7	0,368 894	2,78	0,173 563	2,13	0,089 407	1,68	0,049 462	1,36
10,8	0,375 821	2,81	0,176 822	2,15	0,091 086	1,70	0,050 391	1,38
10,9	0,382 813	2,83	0,180 112	2,17	0,092 781	1,71	0,051 328	1,39
11,0	0,389 689	2,86	0,183 432	2,19	0,094 491	1,73	0,052 274	1,40
11,1	0,396 990	2,88	0,186 782	2,21	0,096 217	1,74	0,053 229	1,41
11,2	0,404 175	2,91	0,190 163	2,23	0,097 958	1,76	0,054 193	1,43
11,3	0,411 425	2,94	0,193 574	2,25	0,099 715	1,78	0,055 165	1,44
11,4	0,418 739	2,96	0,197 015	2,27	0,101 488	1,79	0,056 145	1,45
11,5	0,426 117	2,99	0,200 487	2,29	0,103 276	1,81	0,057 135	1,46
11,6	0,433 560	3,01	0,203 988	2,31	0,105 080	1,82	0,058 133	1,48
11,7	0,441 068	3,04	0,207 521	2,33	0,106 900	1,84	0,059 139	1,49
11,8	0,448 640	3,07	0,211 083	2,35	0,108 735	1,85	0,060 154	1,50
11,9	0,456 276	3,09	0,214 676	2,37	0,110 586	1,87	0,061 178	1,51
12,0	0,463 976	3,12	0,218 299	2,39	0,112 452	1,89	0,062 211	1,53
12,1			0,221 953	2,41	0,114 334	1,90	0,063 252	1,54
12,2			0,225 636	2,43	0,116 232	1,92	0,064 302	1,55
12,3			0,229 350	2,45	0,118 145	1,93	0,065 360	1,57
12,4			0,233 095	2,47	0,120 074	1,95	0,066 427	1,58
12,5			0,236 870	2,49	0,122 018	1,96	0,067 503	1,59
12,6			0,240 675	2,51	0,123 978	1,98	0,068 587	1,60
12,7			0,244 510	2,53	0,125 954	2,00	0,069 680	1,62
12,8			0,248 375	2,55	0,127 945	2,01	0,070 782	1,63
12,9			0,252 272	2,57	0,129 952	2,03	0,071 892	1,64
13,0			0,256 198	2,59	0,131 975	2,04	0,073 011	1,66
13,1			0,260 155	2,61	0,134 013	2,06	0,074 139	1,67
13,2			0,264 142	2,63	0,136 067	2,07	0,075 275	1,68
13,3			0,268 159	2,65	0,138 136	2,09	0,076 420	1,69
13,4			0,272 206	2,67	0,140 221	2,11	0,077 573	1,71
13,5			0,276 284	2,69	0,142 322	2,12	0,078 735	1,72
13,6			0,280 393	2,71	0,144 438	2,14	0,079 906	1,73
13,7			0,284 531	2,73	0,146 570	2,15	0,081 086	1,74
13,8			0,288 700	2,75	0,148 718	2,17	0,082 274	1,76
13,9			0,292 899	2,77	0,150 881	2,18	0,083 470	1,77
14,0			0,297 129	2,79	0,153 060	2,20	0,084 676	1,78
14,1			0,301 389	2,81	0,155 254	2,22	0,085 890	1,80
14,2			0,305 679	2,83	0,157 464	2,23	0,087 112	1,81
14,3			0,309 999	2,84	0,159 690	2,25	0,088 344	1,82
14,4			0,314 350	2,86	0,161 931	2,26	0,089 583	1,83
14,5			0,318 731	2,88	0,164 188	2,28	0,090 832	1,85
14,6			0,323 143	2,90	0,166 460	2,30	0,092 089	1,86
14,7			0,327 585	2,92	0,168 748	2,31	0,093 355	1,87
14,8			0,332 057	2,94	0,171 052	2,33	0,094 629	1,88
14,9			0,336 559	2,96	0,173 372	2,34	0,095 913	1,90
15,0			0,341 092	2,98	0,175 706	2,36	0,097 204	1,91

$Q = 15{,}0\text{—}25{,}0$ Durchmesser: 90 mm—100 mm

Q	Durchmesser 90 mm		Durchmesser 100 mm			Q	Durchmesser 100 mm	
	J	v	J	v			J	v
15,0	0,175 706	2,36	0,097 204	1,91		**20,0**	0,172 808	2,55
15,1	0,178 057	2,37	0,098 505	1,92		20,1	0,174 540	2,56
15,2	0,180 423	2,39	0,099 814	1,94		20,2	0,176 281	2,57
15,3	0,182 805	2,41	0,101 131	1,95		20,3	0,178 031	2,58
15,4	0,185 202	2,42	0,102 458	1,96		20,4	0,179 789	2,60
15,5	0,187 615	2,44	0,103 792	1,97		20,5	0,181 556	2,61
15,6	0,190 044	2,45	0,105 136	1,99		20,6	0,183 332	2,62
15,7	0,192 488	2,47	0,106 488	2,00		20,7	0,185 116	2,64
15,8	0,194 948	2,48	0,107 849	2,01		20,8	0,186 909	2,65
15,9	0,197 423	2,50	0,109 218	2,02		20,9	0,188 710	2,66
16,0	0,199 914	2,52	0,110 597	2,04		**21,0**	0,190 521	2,67
16,1	0,202 421	2,53	0,111 983	2,05		21,1	0,192 339	2,69
16,2	0,204 944	2,55	0,113 379	2,06		21,2	0,194 167	2,70
16,3	0,207 482	2,56	0,114 783	2,08		21,3	0,196 003	2,71
16,4	0,210 035	2,58	0,116 196	2,09		21,4	0,197 848	2,72
16,5	0,212 604	2,59	0,117 617	2,10		21,5	0,199 701	2,74
16,6	0,215 189	2,61	0,119 047	2,11		21,6	0,201 563	2,75
16,7	0,217 790	2,63	0,120 486	2,13		21,7	0,203 434	2,76
16,8	0,220 406	2,64	0,121 933	2,14		21,8	0,205 313	2,78
16,9	0,223 038	2,66	0,123 389	2,15		21,9	0,207 201	2,79
17,0	0,225 685	2,67	0,124 853	2,16		**22,0**	0,209 097	2,80
17,1	0,228 348	2,69	0,126 327	2,18		22,1	0,211 003	2,81
17,2	0,231 026	2,70	0,127 808	2,19		22,2	0,212 916	2,83
17,3	0,233 721	2,72	0,129 299	2,20		22,3	0,214 839	2,84
17,4	0,236 430	2,74	0,130 798	2,22		22,4	0,216 770	2,85
17,5	0,239 196	2,75	0,132 306	2,23		22,5	0,218 710	2,86
17,6	0,241 897	2,77	0,133 822	2,24		22,6	0,220 658	2,88
17,7	0,244 654	2,78	0,135 347	2,25		22,7	0,222 615	2,89
17,8	0,247 426	2,80	0,136 881	2,27		22,8	0,224 581	2,90
17,9	0,250 214	2,81	0,138 423	2,28		22,9	0,226 555	2,92
18,0	0,253 018	2,83	0,139 974	2,29		**23,0**	0,228 538	2,93
18,1	0,255 837	2,85	0,141 534	2,30		23,1	0,230 530	2,94
18,2	0,258 671	2,86	0,143 102	2,32		23,2	0,232 530	2,95
18,3	0,261 522	2,88	0,144 679	2,33		23,3	0,234 539	2,97
18,4	0,264 388	2,89	0,146 265	2,34		23,4	0,236 556	2,98
18,5	0,267 269	2,91	0,147 859	2,36		23,5	0,238 582	2,99
18,6	0,270 167	2,92	0,149 462	2,37		23,6	0,240 617	3,00
18,7	0,273 079	2,94	0,151 073	2,38		23,7	0,242 661	3,02
18,8	0,276 008	2,96	0,152 693	2,39		23,8	0,244 713	3,03
18,9	0,278 952	2,97	0,154 322	2,41		23,9	0,246 773	3,04
19,0	0,281 912	2,99	0,155 959	2,42		**24,0**	0,248 843	3,06
19,1	0,284 887	3,00	0,157 605	2,43		24,1	0,250 921	3,07
19,2	0,287 878	3,02	0,159 260	2,44		24,2	0,253 008	3,08
19,3	0,290 884	3,03	0,160 923	2,46		24,3	0,255 103	3,09
19,4	0,293 906	3,05	0,162 595	2,47		24,4	0,257 207	3,11
19,5	0,296 944	3,07	0,164 275	2,48		24,5	0,259 319	3,12
19,6	0,299 998	3,08	0,165 965	2,50		24,6	0,261 441	3,13
19,7	0,303 066	3,10	0,167 662	2,51		24,7	0,263 570	3,14
19,8	0,306 151	3,11	0,169 369	2,52		24,8	0,265 709	3,16
19,9	0,309 251	3,13	0,171 084	2,53		24,9	0,267 856	3,17
20,0	0,312 367	3,14	0,172 808	2,55		**25,0**	0,270 012	3,18

$Q = 0{,}0 - 5{,}0$ Durchmesser: 125 mm — 200 mm

Q	Durchmesser 125 mm		Durchmesser 150 mm		Durchmesser 175 mm		Durchmesser 200 mm	
	J	v	J	v	J	v	J	v
0,0	0,000 000	0,00	0,000 000	0,00				
0,1	0,000 001	0,01	0,000 000	0,01				
0,2	0,000 005	0,02	0,000 002	0,01				
0,3	0,000 011	0,02	0,000 004	0,02				
0,4	0,000 020	0,03	0,000 007	0,02				
0,5	0,000 031	0,04	0,000 011	0,03				
0,6	0,000 045	0,05	0,000 016	0,03				
0,7	0,000 061	0,06	0,000 022	0,04				
0,8	0,000 079	0,07	0,000 029	0,05				
0,9	0,000 100	0,07	0,000 036	0,05				
1,0	0,000 124	0,08	0,000 045	0,06				
1,1	0,000 150	0,09	0,000 054	0,06				
1,2	0,000 178	0,10	0,000 065	0,07				
1,3	0,000 209	0,11	0,000 076	0,07				
1,4	0,000 243	0,11	0,000 088	0,08				
1,5	0,000 279	0,12	0,000 101	0,08				
1,6	0,000 317	0,13	0,000 115	0,09				
1,7	0,000 358	0,14	0,000 129	0,10				
1,8	0,000 401	0,15	0,000 145	0,10				
1,9	0,000 447	0,15	0,000 162	0,11				
2,0	0,000 495	0,16	0,000 179	0,11				
2,1	0,000 546	0,17	0,000 198	0,12				
2,2	0,000 599	0,18	0,000 217	0,12				
2,3	0,000 655	0,19	0,000 237	0,13				
2,4	0,000 713	0,20	0,000 258	0,14				
2,5	0,000 774	0,20	0,000 280	0,14	0,000 119	0,10	0,000 057	0,08
2,6	0,000 837	0,21	0,000 303	0,15	0,000 129	0,11	0,000 061	0,08
2,7	0,000 903	0,22	0,000 327	0,15	0,000 139	0,11	0,000 066	0,09
2,8	0,000 971	0,23	0,000 352	0,16	0,000 149	0,12	0,000 071	0,09
2,9	0,000 042	0,24	0,000 377	0,16	0,000 160	0,12	0,000 076	0,09
3,0	0,001 115	0,24	0,000 404	0,17	0,000 171	0,12	0,000 082	0,10
3,1	0,001 190	0,25	0,000 431	0,18	0,000 183	0,13	0,000 087	0,10
3,2	0,001 268	0,26	0,000 459	0,18	0,000 195	0,13	0,000 093	0,10
3,3	0,001 349	0,27	0,000 489	0,19	0,000 207	0,14	0,000 099	0,11
3,4	0,001 432	0,28	0,000 519	0,19	0,000 220	0,14	0,000 105	0,11
3,5	0,001 517	0,29	0,000 550	0,20	0,000 233	0,15	0,000 111	0,11
3,6	0,001 605	0,29	0,000 581	0,20	0,000 247	0,15	0,000 118	0,11
3,7	0,001 695	0,30	0,000 614	0,21	0,000 261	0,15	0,000 124	0,12
3,8	0,001 788	0,31	0,000 648	0,22	0,000 275	0,16	0,000 131	0,12
3,9	0,001 884	0,32	0,000 682	0,22	0,000 290	0,16	0,000 138	0,12
4,0	0,001 982	0,33	0,000 718	0,23	0,000 305	0,17	0,000 145	0,13
4,1	0,002 082	0,33	0,000 754	0,23	0,000 320	0,17	0,000 153	0,13
4,2	0,002 185	0,34	0,000 791	0,24	0,000 336	0,17	0,000 160	0,13
4,3	0,002 290	0,35	0,000 829	0,24	0,000 352	0,18	0,000 168	0,14
4,4	0,002 398	0,36	0,000 868	0,25	0,000 369	0,18	0,000 176	0,14
4,5	0,002 508	0,37	0,000 908	0,25	0,000 386	0,19	0,000 184	0,14
4,6	0,002 621	0,37	0,000 949	0,26	0,000 403	0,19	0,000 192	0,15
4,7	0,002 736	0,38	0,000 990	0,27	0,000 421	0,20	0,000 201	0,15
4,8	0,002 853	0,39	0,001 033	0,27	0,000 439	0,20	0,000 209	0,15
4,9	0,002 974	0,40	0,001 076	0,28	0,000 457	0,20	0,000 218	0,16
5,0	0,003 096	0,41	0,001 121	0,28	0,000 476	0,21	0,000 227	0,16

$Q = 5{,}0\text{---}10{,}0$ Durchmesser: 125 mm—200 mm

Q	Durchmesser 125 mm		Durchmesser 150 mm		Durchmesser 175 mm		Durchmesser 200 mm	
	J	v	J	v	J	v	J	v
5,0	0,003 096	0,41	0,001 121	0,28	0,000 476	0,21	0,000 227	0,16
5,1	0,003 221	0,42	0,001 166	0,29	0,000 495	0,21	0,000 236	0,16
5,2	0,003 349	0,42	0,001 212	0,29	0,000 515	0,22	0,000 246	0,17
5,3	0,003 479	0,43	0,001 259	0,30	0,000 535	0,22	0,000 255	0,17
5,4	0,003 611	0,44	0,001 307	0,31	0,000 555	0,22	0,000 265	0,17
5,5	0,003 746	0,45	0,001 356	0,31	0,000 576	0,23	0,000 275	0,18
5,6	0,003 884	0,46	0,001 406	0,32	0,000 597	0,23	0,000 285	0,18
5,7	0,004 024	0,46	0,001 456	0,32	0,000 619	0,24	0,000 295	0,18
5,8	0,004 166	0,47	0,001 508	0,33	0,000 640	0,24	0,000 306	0,18
5,9	0,004 311	0,48	0,001 560	0,33	0,000 663	0,25	0,000 316	0,19
6,0	0,004 458	0,49	0,001 613	0,34	0,000 685	0,25	0,000 327	0,19
6,1	0,004 608	0,50	0,001 668	0,35	0,000 708	0,25	0,000 338	0,19
6,2	0,004 761	0,51	0,001 723	0,35	0,000 732	0,26	0,000 349	0,20
6,3	0,004 915	0,51	0,001 779	0,36	0,000 756	0,26	0,000 361	0,20
6,4	0,005 073	0,52	0,001 836	0,36	0,000 780	0,27	0,000 372	0,20
6,5	0,005 232	0,53	0,001 894	0,37	0,000 804	0,27	0,000 384	0,21
6,6	0,005 395	0,54	0,001 952	0,37	0,000 829	0,27	0,000 396	0,21
6,7	0,005 559	0,55	0,002 012	0,38	0,000 855	0,28	0,000 408	0,21
6,8	0,005 727	0,55	0,002 072	0,38	0,000 880	0,28	0,000 420	0,22
6,9	0,005 896	0,56	0,002 134	0,39	0,000 906	0,29	0,000 433	0,22
7,0	0,006 068	0,57	0,002 196	0,40	0,000 933	0,29	0,000 445	0,22
7,1	0,006 243	0,58	0,002 259	0,40	0,000 960	0,30	0,000 458	0,23
7,2	0,006 420	0,59	0,002 323	0,41	0,000 987	0,30	0,000 471	0,23
7,3	0,006 600	0,59	0,002 388	0,41	0,001 015	0,30	0,000 484	0,23
7,4	0,006 782	0,60	0,002 454	0,42	0,001 043	0,31	0,000 498	0,24
7,5	0,006 966	0,61	0,002 521	0,42	0,001 071	0,31	0,000 511	0,24
7,6	0,007 153	0,62	0,002 589	0,43	0,001 100	0,32	0,000 525	0,24
7,7	0,007 343	0,63	0,002 657	0,44	0,001 129	0,32	0,000 539	0,25
7,8	0,007 535	0,64	0,002 727	0,44	0,001 158	0,32	0,000 553	0,25
7,9	0,007 729	0,64	0,002 797	0,45	0,001 188	0,33	0,000 567	0,25
8,0	0,007 926	0,65	0,002 868	0,45	0,001 219	0,33	0,000 582	0,25
8,1	0,008 126	0,66	0,002 941	0,46	0,001 249	0,34	0,000 596	0,26
8,2	0,008 327	0,67	0,003 014	0,46	0,001 280	0,34	0,000 611	0,26
8,3	0,008 532	0,68	0,003 088	0,47	0,001 312	0,35	0,000 626	0,26
8,4	0,008 739	0,68	0,003 163	0,48	0,001 343	0,35	0,000 641	0,27
8,5	0,008 948	0,69	0,003 238	0,48	0,001 376	0,35	0,000 657	0,27
8,6	0,009 160	0,70	0,003 315	0,49	0,001 408	0,36	0,000 672	0,27
8,7	0,009 374	0,71	0,003 392	0,49	0,001 441	0,36	0,000 688	0,28
8,8	0,009 591	0,72	0,003 471	0,50	0,001 474	0,37	0,000 704	0,28
8,9	0,009 810	0,73	0,003 550	0,50	0,001 508	0,37	0,000 720	0,28
9,0	0,010 032	0,73	0,003 630	0,51	0,001 542	0,37	0,000 736	0,29
9,1	0,010 256	0,74	0,003 712	0,52	0,001 577	0,38	0,000 753	0,29
9,2	0,010 482	0,75	0,003 794	0,52	0,001 611	0,38	0,000 769	0,29
9,3	0,010 711	0,76	0,003 877	0,53	0,001 647	0,39	0,000 786	0,30
9,4	0,010 943	0,77	0,003 960	0,53	0,001 682	0,39	0,000 803	0,30
9,5	0,011 177	0,77	0,004 045	0,54	0,001 718	0,40	0,000 820	0,30
9,6	0,011 414	0,78	0,004 131	0,54	0,001 755	0,40	0,000 838	0,31
9,7	0,011 653	0,79	0,004 217	0,55	0,001 791	0,40	0,000 855	0,31
9,8	0,011 894	0,80	0,004 305	0,55	0,001 829	0,41	0,000 873	0,31
9,9	0,012 138	0,81	0,004 393	0,56	0,001 866	0,41	0,000 891	0,32
10,0	0,012 385	0,81	0,004 482	0,57	0,001 904	0,42	0,000 909	0,32

$Q = 10{,}0{-}15{,}0$ Durchmesser: 125 mm—200 mm

Q	Durchmesser 125 mm		Durchmesser 150 mm		Durchmesser 175 mm		Durchmesser 200 mm	
	J	v	J	v	J	v	J	v
10,0	0,012 385	0,81	0,004 482	0,57	0,001 904	0,42	0,000 909	0,32
10,1	0,012 634	0,82	0,004 572	0,57	0,001 942	0,42	0,000 927	0,32
10,2	0,012 885	0,83	0,004 663	0,58	0,001 981	0,42	0,000 946	0,32
10,3	0,013 139	0,84	0,004 755	0,58	0,002 020	0,43	0,000 964	0,33
10,4	0,013 395	0,85	0,004 848	0,59	0,002 059	0,43	0,000 983	0,33
10,5	0,013 654	0,86	0,004 941	0,59	0,002 099	0,44	0,001 002	0,33
10,6	0,013 915	0,86	0,005 036	0,60	0,002 139	0,44	0,001 021	0,34
10,7	0,014 179	0,87	0,005 131	0,61	0,002 180	0,44	0,001 041	0,34
10,8	0,014 445	0,88	0,005 228	0,61	0,002 221	0,45	0,001 060	0,34
10,9	0,014 714	0,89	0,005 325	0,62	0,002 262	0,45	0,001 080	0,35
11,0	0,014 985	0,90	0,005 423	0,62	0,002 304	0,46	0,001 100	0,35
11,1	0,015 259	0,90	0,005 522	0,63	0,002 346	0,46	0,001 120	0,35
11,2	0,015 535	0,91	0,005 622	0,63	0,002 388	0,47	0,001 140	0,36
11,3	0,015 814	0,92	0,005 723	0,64	0,002 431	0,47	0,001 161	0,36
11,4	0,016 095	0,93	0,005 825	0,65	0,002 474	0,47	0,001 181	0,36
11,5	0,016 379	0,94	0,005 927	0,65	0,002 518	0,48	0,001 202	0,37
11,6	0,016 665	0,95	0,006 031	0,66	0,002 562	0,48	0,001 223	0,37
11,7	0,016 953	0,95	0,006 135	0,66	0,002 606	0,49	0,001 244	0,37
11,8	0,017 244	0,96	0,006 241	0,67	0,002 651	0,49	0,001 266	0,38
11,9	0,017 538	0,97	0,006 347	0,67	0,002 696	0,49	0,001 287	0,38
12,0	0,017 834	0,98	0,006 454	0,68	0,002 742	0,50	0,001 309	0,38
12,1	0,018 132	0,99	0,006 562	0,68	0,002 788	0,50	0,001 331	0,39
12,2	0,018 433	0,99	0,006 671	0,69	0,002 834	0,51	0,001 353	0,39
12,3	0,018 737	1,00	0,006 781	0,70	0,002 880	0,51	0,001 375	0,39
12,4	0,019 043	1,01	0,006 892	0,70	0,002 927	0,52	0,001 400	0,39
12,5	0,019 351	1,02	0,007 003	0,71	0,002 975	0,52	0,001 420	0,40
12,6	0,019 662	1,03	0,007 116	0,71	0,003 023	0,52	0,001 443	0,40
12,7	0,019 975	1,03	0,007 229	0,72	0,003 071	0,53	0,001 466	0,40
12,8	0,020 291	1,04	0,007 343	0,72	0,003 119	0,53	0,001 489	0,41
12,9	0,020 609	1,05	0,007 458	0,73	0,003 168	0,54	0,001 513	0,41
13,0	0,020 930	1,06	0,007 575	0,74	0,003 218	0,54	0,001 536	0,41
13,1	0,021 253	1,07	0,007 692	0,74	0,003 267	0,54	0,001 560	0,42
13,2	0,021 579	1,08	0,007 809	0,75	0,003 317	0,55	0,001 584	0,42
13,3	0,021 907	1,08	0,007 928	0,75	0,003 368	0,55	0,001 608	0,42
13,4	0,022 238	1,09	0,008 048	0,76	0,003 419	0,56	0,001 632	0,43
13,5	0,022 571	1,10	0,008 168	0,76	0,003 470	0,56	0,001 567	0,43
13,6	0,022 907	1,11	0,008 290	0,77	0,003 521	0,57	0,001 681	0,43
13,7	0,023 245	1,12	0,008 412	0,78	0,003 573	0,57	0,001 706	0,44
13,8	0,023 585	1,12	0,008 536	0,78	0,003 626	0,57	0,001 731	0,44
13,9	0,023 928	1,13	0,008 660	0,79	0,003 679	0,58	0,001 756	0,44
14,0	0,024 274	1,14	0,008 785	0,79	0,003 732	0,58	0,001 782	0,45
14,1	0,024 622	1,15	0,008 911	0,80	0,003 785	0,59	0,001 807	0,45
14,2	0,024 972	1,16	0,009 037	0,80	0,003 839	0,59	0,001 833	0,45
14,3	0,025 325	1,17	0,009 165	0,81	0,003 893	0,59	0,001 859	0,46
14,4	0,025 681	1,17	0,009 294	0,81	0,003 948	0,60	0,001 885	0,46
14,5	0,026 039	1,18	0,009 423	0,82	0,004 003	0,60	0,001 911	0,46
14,6	0,026 399	1,19	0,009 554	0,83	0,004 058	0,61	0,001 938	0,46
14,7	0,026 762	1,20	0,009 685	0,83	0,004 114	0,61	0,001 964	0,47
14,8	0,027 127	1,21	0,009 817	0,84	0,004 170	0,62	0,001 991	0,47
14,9	0,027 495	1,21	0,009 950	0,84	0,004 227	0,62	0,002 018	0,47
15,0	0,027 865	1,22	0,010 085	0,85	0,004 284	0,62	0,002 045	0,48

$Q = 15{,}0\text{—}20{,}0$ — Durchmesser: 125 mm—200 mm

Q	Durchmesser 125 mm		Durchmesser 150 mm		Durchmesser 175 mm		Durchmesser 200 mm	
	J	v	J	v	J	v	J	v
15,0	0,027 865	1,22	0,010 085	0,85	0,004 284	0,62	0,002 045	0,48
15,1	0,028 230	1,23	0,010 219	0,85	0,004 341	0,63	0,002 073	0,48
15,2	0,028 613	1,24	0,010 355	0,86	0,004 399	0,63	0,002 100	0,48
15,3	0,028 991	1,25	0,010 492	0,87	0,004 457	0,64	0,002 128	0,49
15,4	0,029 371	1,25	0,010 629	0,87	0,004 515	0,64	0,002 156	0,49
15,5	0,029 754	1,26	0,010 768	0,88	0,004 574	0,64	0,002 184	0,49
15,6	0,030 139	1,27	0,010 907	0,88	0,004 633	0,65	0,002 212	0,50
15,7	0,030 527	1,28	0,011 048	0,89	0,004 693	0,65	0,002 241	0,50
15,8	0,030 917	1,29	0,011 189	0,89	0,004 753	0,66	0,002 269	0,50
15,9	0,031 309	1,30	0,011 331	0,90	0,004 813	0,66	0,002 298	0,51
16,0	0,031 704	1,30	0,011 474	0,91	0,004 874	0,67	0,002 327	0,51
16,1	0,032 102	1,31	0,011 618	0,91	0,004 935	0,67	0,002 356	0,51
16,2	0,032 502	1,32	0,011 763	0,92	0,004 997	0,67	0,002 386	0,52
16,3	0,032 905	1,33	0,011 908	0,92	0,005 059	0,68	0,002 415	0,52
16,4	0,033 310	1,34	0,012 055	0,93	0,005 121	0,68	0,002 445	0,52
16,5	0,033 717	1,34	0,012 202	0,93	0,005 183	0,69	0,002 475	0,53
16,6	0,034 127	1,35	0,012 351	0,94	0,005 246	0,69	0,002 505	0,53
16,7	0,034 539	1,36	0,012 500	0,95	0,005 310	0,69	0,002 535	0,53
16,8	0,034 954	1,37	0,012 650	0,95	0,005 374	0,70	0,002 566	0,53
16,9	0,035 372	1,38	0,012 801	0,96	0,005 438	0,70	0,002 596	0,54
17,0	0,035 791	1,39	0,012 953	0,96	0,005 502	0,71	0,002 627	0,54
17,1	0,036 214	1,39	0,013 106	0,97	0,005 567	0,71	0,002 658	0,54
17,2	0,036 639	1,40	0,013 260	0,97	0,005 633	0,72	0,002 689	0,55
17,3	0,037 066	1,41	0,013 414	0,98	0,005 698	0,72	0,002 721	0,55
17,4	0,037 496	1,42	0,013 570	0,98	0,005 674	0,72	0,002 752	0,55
17,5	0,037 928	1,43	0,013 726	0,99	0,005 831	0,73	0,002 784	0,56
17,6	0,038 363	1,43	0,013 883	1,00	0,005 898	0,73	0,002 816	0,56
17,7	0,038 780	1,44	0,014 042	1,00	0,005 965	0,74	0,002 848	0,56
17,8	0,039 239	1,45	0,014 201	1,01	0,006 032	0,74	0,002 880	0,57
17,9	0,039 681	1,46	0,014 361	1,01	0,006 100	0,74	0,002 913	0,57
18,0	0,040 126	1,47	0,014 522	1,02	0,006 169	0,75	0,002 945	0,57
18,1	0,040 573	1,47	0,014 684	1,02	0,006 237	0,75	0,002 978	0,58
18,2	0,041 023	1,48	0,014 846	1,03	0,006 307	0,76	0,003 011	0,58
18,3	0,041 475	1,49	0,015 010	1,04	0,006 376	0,76	0,003 044	0,58
18,4	0,041 929	1,50	0,015 174	1,04	0,006 446	0,77	0,003 078	0,59
18,5	0,042 386	1,51	0,015 340	1,05	0,006 516	0,77	0,003 111	0,59
18,6	0,042 846	1,52	0,015 506	1,05	0,006 587	0,77	0,003 145	0,59
18,7	0,043 308	1,52	0,015 673	1,06	0,006 658	0,78	0,003 179	0,60
18,8	0,043 772	1,53	0,015 841	1,06	0,006 729	0,78	0,003 213	0,60
18,9	0,044 239	1,54	0,016 010	1,07	0,006 801	0,79	0,003 247	0,60
19,0	0,044 708	1,55	0,016 180	1,08	0,006 873	0,79	0,003 282	0,60
19,1	0,045 180	1,56	0,016 351	1,08	0,006 946	0,79	0,003 316	0,61
19,2	0,045 655	1,56	0,016 522	1,09	0,007 019	0,80	0,003 351	0,61
19,3	0,046 131	1,57	0,016 695	1,09	0,007 092	0,80	0,003 386	0,61
19,4	0,046 611	1,58	0,016 868	1,10	0,007 166	0,81	0,003 421	0,62
19,5	0,047 092	1,59	0,017 043	1,10	0,007 240	0,81	0,003 457	0,62
19,6	0,047 577	1,60	0,017 218	1,11	0,007 314	0,81	0,003 492	0,62
19,7	0,048 063	1,61	0,017 394	1,11	0,007 389	0,82	0,003 528	0,63
19,8	0,048 553	1,61	0,017 571	1,12	0,007 464	0,82	0,003 564	0,63
19,9	0,049 044	1,62	0,017 749	1,13	0,007 540	0,83	0,003 600	0,63
20,0	0,049 538	1,63	0,017 928	1,13	0,007 616	0,83	0,003 636	0,64

$Q = 20{,}0\text{—}25{,}0$ Durchmesser: 125 mm—200 mm

Q	Durchmesser 125 mm		Durchmesser 150 mm		Durchmesser 175 mm		Durchmesser 200 mm	
	J	v	J	v	J	v	J	v
20,0	0,049 538	1,63	0,017 928	1,13	0,007 616	0,83	0,003 636	0,64
20,1	0,050 035	1,64	0,018 108	1,14	0,007 692	0,84	0,003 673	0,64
20,2	0,050 534	1,65	0,018 288	1,14	0,007 769	0,84	0,003 709	0,64
20,3	0,051 030	1,65	0,018 470	1,15	0,007 641	0,84	0,003 746	0,65
20,4	0,051 540	1,66	0,018 652	1,15	0,007 723	0,85	0,003 783	0,65
20,5	0,052 046	1,67	0,018 836	1,16	0,007 801	0,85	0,003 820	0,65
20,6	0,052 555	1,68	0,019 020	1,17	0,007 879	0,86	0,003 858	0,66
20,7	0,053 067	1,69	0,019 205	1,17	0,007 958	0,86	0,003 895	0,66
20,8	0,053 581	1,69	0,019 391	1,18	0,008 037	0,86	0,003 933	0,66
20,9	0,054 097	1,70	0,019 578	1,18	0,008 117	0,87	0,003 971	0,67
21,0	0,054 616	1,71	0,019 766	1,19	0,008 196	0,87	0,004 009	0,67
21,1	0,055 138	1,72	0,019 954	1,19	0,008 276	0,88	0,004 047	0,67
21,2	0,055 661	1,73	0,020 144	1,20	0,008 357	0,88	0,004 086	0,67
21,3	0,056 188	1,74	0,020 334	1,21	0,008 438	0,89	0,004 124	0,68
21,4	0,056 717	1,74	0,020 526	1,21	0,008 519	0,89	0,004 163	0,68
21,5	0,057 248	1,75	0,020 718	1,22	0,008 601	0,89	0,004 202	0,68
21,6	0,057 782	1,76	0,020 911	1,22	0,008 683	0,89	0,004 241	0,69
21,7	0,058 318	1,77	0,021 105	1,23	0,008 765	0,90	0,004 281	0,69
21,8	0,058 857	1,78	0,021 300	1,23	0,008 848	0,91	0,004 320	0,69
21,9	0,059 398	1,78	0,021 496	1,24	0,008 931	0,91	0,004 360	0,70
22,0	0,059 941	1,79	0,021 693	1,24	0,009 015	0,91	0,004 400	0,70
22,1	0,060 488	1,80	0,021 891	1,25	0,009 099	0,92	0,004 440	0,70
22,2	0,061 036	1,81	0,022 089	1,26	0,009 183	0,92	0,004 480	0,71
22,3	0,061 587	1,82	0,022 289	1,26	0,009 268	0,93	0,004 521	0,71
22,4	0,062 141	1,83	0,022 489	1,27	0,009 353	0,93	0,004 561	0,71
22,5	0,062 697	1,83	0,022 690	1,27	0,009 439	0,94	0,004 602	0,72
22,6	0,063 256	1,84	0,022 892	1,28	0,009 724	0,94	0,004 643	0,72
22,7	0,063 817	1,85	0,023 095	1,28	0,009 811	0,94	0,004 684	0,72
22,8	0,064 380	1,86	0,023 299	1,29	0,009 897	0,95	0,004 726	0,73
22,9	0,064 946	1,87	0,023 504	1,30	0,009 984	0,95	0,004 767	0,73
23,0	0,065 514	1,87	0,023 710	1,30	0,010 072	0,96	0,004 809	0,73
23,1	0,066 085	1,88	0,023 916	1,31	0,010 160	0,96	0,004 851	0,74
23,2	0,066 659	1,89	0,024 124	1,31	0,010 248	0,96	0,004 893	0,74
23,3	0,067 235	1,90	0,024 332	1,32	0,010 336	0,97	0,004 935	0,74
23,4	0,067 813	1,91	0,024 542	1,32	0,010 425	0,97	0,004 978	0,74
23,5	0,068 394	1,92	0,024 752	1,33	0,010 514	0,98	0,005 020	0,75
23,6	0,068 977	1,92	0,024 963	1,34	0,010 604	0,98	0,005 063	0,75
23,7	0,069 563	1,93	0,025 175	1,34	0,010 694	0,99	0,005 106	0,75
23,8	0,070 151	1,94	0,025 388	1,35	0,010 785	0,99	0,005 149	0,76
23,9	0,070 742	1,95	0,025 602	1,35	0,010 875	0,99	0,005 193	0,76
24,0	0,071 335	1,96	0,025 816	1,36	0,010 967	1,00	0,005 236	0,76
24,1	0,071 931	1,96	0,026 032	1,36	0,011 058	1,00	0,005 280	0,77
24,2	0,072 529	1,97	0,026 248	1,37	0,011 150	1,01	0,005 324	0,77
24,3	0,073 130	1,98	0,026 466	1,38	0,011 242	1,01	0,005 368	0,77
24,4	0,073 733	1,99	0,026 684	1,38	0,011 335	1,01	0,005 412	0,78
24,5	0,074 338	2,00	0,026 903	1,39	0,011 428	1,02	0,005 457	0,78
24,6	0,074 947	2,00	0,027 123	1,39	0,011 522	1,02	0,005 501	0,78
24,7	0,075 557	2,01	0,027 344	1,40	0,011 616	1,03	0,005 546	0,79
24,8	0,076 170	2,02	0,027 566	1,40	0,011 710	1,03	0,005 591	0,79
24,9	0,076 786	2,03	0,027 789	1,41	0,011 805	1,04	0,005 636	0,79
25,0	0,077 404	2,04	0,028 012	1,41	0,011 900	1,04	0,005 682	0,80

$Q = 25{,}0-35{,}0$ Durchmesser: 125 mm—200 mm

Q	Durchmesser 125 mm		Durchmesser 150 mm		Durchmesser 175 mm		Durchmesser 200 mm	
	J	v	J	v	J	v	J	v
25,0	0,077 404	2,04	0,028 012	1,41	0,011 900	1,04	0,005 682	0,80
25,2	0,078 647	2,05	0,028 462	1,43	0,012 091	1,05	0,005 773	0,80
25,4	0,079 900	2,07	0,028 916	1,44	0,012 283	1,06	0,005 865	0,81
25,6	0,081 164	2,09	0,029 373	1,45	0,012 478	1,06	0,005 958	0,81
25,8	0,082 437	2,10	0,029 834	1,46	0,012 673	1,07	0,006 051	0,82
26,0	0,083 720	2,12	0,030 298	1,47	0,012 871	1,08	0,006 145	0,83
26,2	0,085 013	2,14	0,030 766	1,48	0,013 069	1,09	0,006 240	0,83
26,4	0,086 316	2,15	0,031 238	1,49	0,013 270	1,10	0,006 336	0,84
26,6	0,087 628	2,17	0,031 713	1,51	0,013 471	1,11	0,006 432	0,85
26,8	0,088 951	2,18	0,032 191	1,52	0,013 675	1,11	0,006 529	0,85
27,0	0,090 284	2,20	0,032 674	1,53	0,013 880	1,12	0,006 627	0,86
27,2	0,091 626	2,22	0,033 160	1,54	0,014 086	1,13	0,006 726	0,87
27,4	0,092 978	2,23	0,033 649	1,55	0,014 294	1,14	0,006 825	0,87
27,6	0,094 341	2,25	0,034 142	1,56	0,014 503	1,15	0,006 925	0,88
27,8	0,095 713	2,27	0,034 639	1,57	0,014 714	1,16	0,007 026	0,88
28,0	0,097 095	2,28	0,035 139	1,58	0,014 927	1,16	0,007 127	0,89
28,2	0,098 487	2,30	0,035 643	1,60	0,015 141	1,17	0,007 229	0,90
28,4	0,099 889	2,31	0,036 150	1,61	0,015 356	1,18	0,007 332	0,90
28,6	0,101 301	2,33	0,036 661	1,62	0,015 573	1,19	0,007 436	0,91
28,8	0,102 723	2,35	0,037 175	1,63	0,015 792	1,20	0,007 540	0,92
29,0	0,104 154	2,36	0,037 694	1,64	0,016 012	1,21	0,007 645	0,92
29,2	0,105 596	2,38	0,038 215	1,65	0,016 234	1,21	0,007 751	0,93
29,4	0,107 047	2,40	0,038 741	1,66	0,016 457	1,22	0,007 858	0,94
29,6	0,108 509	2,41	0,039 269	1,68	0,016 681	1,23	0,007 965	0,94
29,8	0,109 980	2,43	0,039 802	1,69	0,016 908	1,24	0,008 073	0,95
30,0	0,111 461	2,44	0,040 338	1,70	0,017 135	1,25	0,008 182	0,95
30,2	0,112 952	2,46	0,040 878	1,71	0,017 365	1,26	0,008 291	0,96
30,4	0,114 453	2,48	0,041 421	1,72	0,017 595	1,26	0,008 401	0,97
30,6	0,115 964	2,49	0,041 968	1,73	0,017 828	1,27	0,008 512	0,97
30,8	0,117 485	2,51	0,042 518	1,74	0,018 135	1,28	0,008 624	0,98
31,0	0,119 016	2,53	0,043 072	1,75	0,018 297	1,29	0,008 736	0,99
31,2	0,120 556	2,54	0,043 630	1,77	0,018 534	1,30	0,008 849	0,99
31,4	0,122 107	2,56	0,044 191	1,78	0,018 772	1,31	0,008 963	1,00
31,6	0,123 667	2,58	0,044 755	1,79	0,019 012	1,31	0,009 078	1,01
31,8	0,125 238	2,59	0,045 324	1,80	0,019 253	1,32	0,009 193	1,01
32,0	0,126 818	2,61	0,045 896	1,81	0,019 496	1,33	0,009 309	1,02
32,2	0,128 408	2,62	0,046 471	1,82	0,019 741	1,34	0,009 426	1,02
32,4	0,130 008	2,64	0,047 050	1,83	0,019 987	1,35	0,009 543	1,03
32,6	0,131 618	2,66	0,047 633	1,84	0,020 234	1,36	0,009 661	1,04
32,8	0,133 238	2,67	0,048 219	1,86	0,020 483	1,36	0,009 780	1,04
33,0	0,134 868	2,69	0,048 809	1,87	0,020 734	1,37	0,009 900	1,05
33,2	0,136 508	2,71	0,049 402	1,88	0,020 986	1,38	0,010 020	1,06
33,4	0,138 157	2,72	0,049 999	1,89	0,021 239	1,39	0,010 141	1,06
33,6	0,139 817	2,74	0,050 600	1,90	0,021 494	1,40	0,010 263	1,07
33,8	0,141 486	2,75	0,051 204	1,91	0,021 751	1,41	0,010 386	1,08
34,0	0,143 166	2,77	0,051 812	1,92	0,022 009	1,41	0,010 509	1,08
34,2	0,144 855	2,79	0,052 423	1,94	0,022 269	1,42	0,010 633	1,09
34,4	0,146 584	2,80	0,053 038	1,95	0,022 530	1,43	0,010 758	1,09
34,6	0,148 263	2,82	0,053 657	1,96	0,022 793	1,44	0,010 883	1,10
34,8	0,149 982	2,84	0,054 279	1,97	0,023 057	1,45	0,011 009	1,11
35,0	0,151 711	2,85	0,054 904	1,98	0,023 323	1,46	0,011 136	1,11

$Q = 35{,}0\text{—}45{,}0$ Durchmesser: 125 mm—200 mm

Q	Durchmesser 125 mm		Durchmesser 150 mm		Durchmesser 175 mm		Durchmesser 200 mm	
	J	v	J	v	J	v	J	v
35,0	0,151 711	2,85	0,054 904	1,98	0,023 323	1,46	0,011 136	1,11
35,2	0,153 450	2,87	0,055 534	1,99	0,023 590	1,46	0,011 264	1,12
35,4	0,155 199	2,88	0,056 167	2,00	0,023 859	1,47	0,011 392	1,13
35,6	0,156 957	2,90	0,056 803	2,01	0,024 130	1,48	0,011 521	1,13
35,8	0,158 726	2,92	0,057 443	2,03	0,024 401	1,49	0,011 651	1,14
36,0	0,160 504	2,93	0,058 087	2,04	0,024 675	1,50	0,011 782	1,15
36,2	0,162 293	2,95	0,058 734	2,05	0,024 950	1,51	0,011 913	1,15
36,4	0,164 091	2,97	0,059 335	2,06	0,025 226	1,51	0,012 045	1,16
36,6	0,165 899	2,98	0,060 039	2,07	0,025 504	1,52	0,012 178	1,17
36,8	0,167 717	3,00	0,060 697	2,08	0,025 784	1,53	0,012 311	1,17
37,0	0,169 545	3,02	0,061 359	2,09	0,026 065	1,54	0,012 445	1,18
37,2	0,171 383	3,03	0,062 024	2,11	0,026 347	1,55	0,012 580	1,18
37,4	0,173 231	3,05	0,062 693	2,12	0,026 631	1,55	0,012 716	1,19
37,6	0,175 089	3,06	0,063 365	2,13	0,026 917	1,56	0,012 852	1,20
37,8	0,176 956	3,08	0,064 041	2,14	0,027 204	1,57	0,012 989	1,20
38,0	0,178 834	3,10	0,064 720	2,15	0,027 493	1,58	0,013 127	1,21
38,2	0,180 721	3,11	0,065 403	2,16	0,027 783	1,59	0,013 266	1,22
38,4	0,182 618	3,13	0,066 090	2,17	0,028 075	1,60	0,013 405	1,22
38,6	0,184 526	3,15	0,066 780	2,18	0,028 368	1,60	0,013 545	1,23
38,8	0,186 443	3,16	0,067 474	2,20	0,028 662	1,61	0,013 685	1,24
39,0	0,188 370	3,18	0,068 171	2,21	0,028 959	1,62	0,013 827	1,24
39,2	0,190 307	3,19	0,068 872	2,22	0,029 256	1,63	0,013 969	1,25
39,4	0,192 254	3,21	0,069 577	2,23	0,029 556	1,64	0,014 112	1,25
39,6	0,194 210	3,23	0,070 285	2,24	0,029 857	1,65	0,014 256	1,26
39,8	0,196 177	3,24	0,070 997	2,25	0,030 159	1,65	0,014 400	1,27
40,0	0,198 153	3,26	0,071 712	2,26	0,030 463	1,66	0,014 545	1,27
40,2			0,072 431	2,27	0,030 768	1,67	0,014 691	1,28
40,4			0,073 153	2,29	0,031 075	1,68	0,014 837	1,29
40,6			0,073 880	2,30	0,031 384	1,69	0,014 985	1,29
40,8			0,074 609	2,31	0,031 693	1,70	0,015 133	1,30
41,0			0,075 342	2,32	0,032 005	1,70	0,015 281	1,31
41,2			0,076 079	2,33	0,032 318	1,71	0,015 431	1,31
41,4			0,076 820	2,34	0,032 632	1,72	0,015 581	1,32
41,6			0,077 564	2,35	0,032 949	1,73	0,015 732	1,32
41,8			0,078 311	2,37	0,033 266	1,74	0,015 884	1,33
42,0			0,079 063	2,38	0,033 585	1,75	0,016 036	1,34
42,2			0,079 817	2,39	0,033 906	1,75	0,016 189	1,34
42,4			0,080 576	2,40	0,034 228	1,76	0,016 343	1,35
42,6			0,081 338	2,41	0,034 552	1,77	0,016 497	1,36
42,8			0,082 103	2,42	0,034 877	1,78	0,016 653	1,36
43,0			0,082 872	2,43	0,035 204	1,79	0,016 809	1,37
43,2			0,083 645	2,44	0,035 532	1,80	0,016 965	1,38
43,4			0,084 421	2,46	0,035 862	1,80	0,017 123	1,38
43,6			0,085 201	2,47	0,036 193	1,81	0,017 281	1,39
43,8			0,085 984	2,48	0,036 526	1,82	0,017 440	1,39
44,0			0,086 772	2,49	0,036 860	1,83	0,017 600	1,40
44,2			0,087 562	2,50	0,037 196	1,84	0,017 760	1,41
44,4			0,088 356	2,51	0,037 533	1,85	0,017 921	1,41
44,6			0,089 154	2,52	0,037 872	1,85	0,018 083	1,42
44,8			0,089 956	2,54	0,038 212	1,86	0,018 245	1,43
45,0			0,090 760	2,55	0,038 554	1,87	0,018 409	1,43

$Q = 45{,}0 - 62{,}5$ Durchmesser: 150 mm — 200 mm

Q	Durchmesser 150 mm		Durchmesser 175 mm		Durchmesser 200 mm	
	J	v	J	v	J	v
45,0	0,090 760	2,55	0,038 554	1,87	0,018 409	1,43
45,2	0,091 569	2,56	0,038 898	1,88	0,018 573	1,44
45,4	0,092 381	2,57	0,039 243	1,89	0,018 737	1,45
45,6	0,093 197	2,58	0,039 589	1,90	0,018 903	1,45
45,8	0,094 016	2,59	0,039 937	1,90	0,019 069	1,46
46,0	0,094 839	2,60	0,040 287	1,91	0,019 236	1,46
46,2	0,095 666	2,61	0,040 638	1,92	0,019 403	1,47
46,4	0,096 496	2,63	0,040 991	1,93	0,019 572	1,48
46,6	0,097 329	2,64	0,041 345	1,94	0,019 741	1,48
46,8	0,098 166	2,65	0,041 700	1,95	0,019 911	1,49
47,0	0,099 007	2,66	0,042 058	1,95	0,020 081	1,50
47,2	0,099 852	2,67	0,042 416	1,96	0,020 253	1,50
47,4	0,100 700	2,68	0,042 777	1,97	0,020 425	1,51
47,6	0,101 551	2,69	0,043 138	1,98	0,020 597	1,52
47,8	0,102 406	2,70	0,043 502	1,99	0,020 771	1,52
48,0	0,103 265	2,71	0,043 866	2,00	0,020 945	1,53
48,2	0,104 128	2,73	0,044 233	2,00	0,021 120	1,53
48,4	0,104 993	2,74	0,044 600	2,01	0,021 295	1,54
48,6	0,105 863	2,75	0,044 970	2,02	0,021 472	1,55
48,8	0,106 736	2,76	0,045 341	2,03	0,021 649	1,55
49,0	0,107 613	2,77	0,045 713	2,04	0,021 827	1,56
49,2	0,108 493	2,78	0,046 087	2,05	0,022 005	1,57
49,4	0,109 377	2,80	0,046 463	2,05	0,022 185	1,57
49,6	0,110 264	2,81	0,046 840	2,06	0,022 365	1,58
49,8	0,111 155	2,82	0,047 218	2,07	0,022 545	1,59
50,0	0,112 050	2,83	0,047 598	2,08	0,022 727	1,59
50,5	0,114 302	2,86	0,048 555	2,10	0,023 184	1,61
51,0	0,116 577	2,89	0,049 521	2,12	0,023 645	1,62
51,5	0,118 874	2,91	0,050 497	2,14	0,024 111	1,64
52,0	0,121 193	2,94	0,051 482	2,16	0,024 581	1,66
52,5	0,123 535	2,97	0,052 477	2,18	0,025 056	1,67
53,0	0,125 900	3,00	0,053 481	2,20	0,025 536	1,69
53,5	0,128 286	3,03	0,054 495	2,22	0,026 020	1,70
54,0	0,130 070	3,06	0,055 518	2,25	0,026 508	1,72
54,5	0,133 127	3,08	0,056 551	2,27	0,027 002	1,73
55,0	0,135 581	3,11	0,057 594	2,29	0,027 499	1,75
55,5			0,058 646	2,31	0,028 002	1,77
56,0			0,059 707	2,33	0,028 508	1,78
56,5			0,060 778	2,35	0,029 020	1,80
57,0			0,061 858	2,37	0,029 536	1,81
57,5			0,062 948	2,39	0,030 056	1,83
58,0			0,064 048	2,41	0,030 581	1,85
58,5			0,065 157	2,43	0,031 111	1,86
59,0			0,066 276	2,45	0,031 645	1,88
59,5			0,067 404	2,47	0,032 183	1,89
60,0			0,068 541	2,49	0,032 726	1,91
60,5			0,069 688	2,52	0,033 274	1,93
61,0			0,070 845	2,54	0,033 826	1,94
61,5			0,072 011	2,56	0,034 383	1,96
62,0			0,073 187	2,58	0,034 945	1,97
62,5			0,074 372	2,60	0,035 510	1,99

$Q = 62{,}5{-}100{,}0$ Durchmesser: 175 mm—200 mm

Q	Durchmesser 175 mm		Durchmesser 200 mm			Q	Durchmesser 200 mm	
	J	v	J	v			J	v
62,5	0,074 372	2,60	0,035 510	1,99		87,5	0,069 601	2,79
63,0	0,075 567	2,62	0,036 081	2,01		88,0	0,070 398	2,80
63,5	0,076 771	2,64	0,036 656	2,02		88,5	0,071 200	2,82
64,0	0,077 985	2,66	0,037 235	2,04		89,0	0,072 007	2,83
64,5	0,079 208	2,68	0,037 819	2,05		89,5	0,072 819	2,85
65,0	0,080 441	2,70	0,038 408	2,07		90,0	0,073 634	2,86
65,5	0,081 683	2,72	0,039 001	2,08		90,5	0,074 455	2,88
66,0	0,082 935	2,74	0,039 599	2,10		91,0	0,075 279	2,90
66,5	0,084 196	2,76	0,040 201	2,12		91,5	0,076 109	2,91
67,0	0,085 467	2,79	0,040 808	2,13		92,0	0,076 943	2,93
67,5	0,086 747	2,81	0,041 419	2,15		92,5	0,077 781	2,94
68,0	0,088 037	2,83	0,042 035	2,16		**93,0**	0,078 625	2,96
68,5	0,089 337	2,85	0,042 656	2,18		93,5	0,079 473	2,98
69,0	0,090 646	2,87	0,043 281	2,20		94,0	0,080 325	2,99
69,5	0,091 964	2,89	0,043 410	2,21		94,5	0,081 182	3,01
70,0	0,093 292	2,91	0,044 544	2,23		**95,0**	0,082 043	3,02
70,5	0,094 630	2,93	0,045 183	2,24		95,5	0,082 909	3,04
71,0	0,095 977	2,95	0,045 826	2,26		96,0	0,083 780	3,06
71,5	0,097 333	2,97	0,046 474	2,28		96,5	0,084 655	3,07
72,0	0,098 699	2,99	0,047 126	2,29		**97,0**	0,085 534	3,09
72,5	0,100 075	3,01	0,047 783	2,31		97,5	0,086 418	3,10
73,0	0,101 460	3,03	0,048 444	2,32		98,0	0,087 307	3,12
73,5	0,102 855	3,06	0,049 110	2,34		98,5	0,088 200	3,14
74,0	0,104 259	3,08	0,049 781	2,36		**99,0**	0,089 098	3,15
74,5	0,105 672	3,10	0,050 456	2,37		99,5	0,090 000	3,17
75,0	0,107 100	3,12	0,051 135	2,39		100,0	0,090 907	3,18
75,5			0,051 819	2,40				
76,0			0,052 508	2,42				
76,5			0,053 201	2,44				
77,0			0,053 899	2,45				
77,5			0,054 601	2,47				
78,0			0,055 308	2,48				
78,5			0,056 019	2,50				
79,0			0,056 735	2,51				
79,5			0,057 455	2,53				
80,0			0,058 180	2,55				
80,5			0,058 970	2,56				
81,0			0,059 644	2,57				
81,5			0,060 383	2,59				
82,0			0,061 126	2,61				
82,5			0,061 873	2,62				
83,0			0,062 626	2,64				
83,5			0,063 383	2,66				
84,0			0,064 144	2,67				
84,5			0,064 910	2,69				
85,0			0,065 680	2,71				
85,5			0,066 455	2,72				
86,0			0,067 235	2,74				
86,5			0,068 019	2,75				
87,0			0,068 807	2,77				
87,5			0,069 601	2,79				

$Q = 5{,}0-10{,}0$ Durchmesser: 225 mm—300 mm

Q	Durchmesser 225 mm		Durchmesser 250 mm		Durchmesser 275 mm		Durchmesser 300 mm	
	J	v	J	v	J	v	J	v
5,0	0,000 119	0,13	0,000 066	0,10	0,000 039	0,08		
5,1	0,000 123	0,13	0,000 069	0,10	0,000 041	0,09		
5,2	0,000 128	0,13	0,000 072	0,11	0,000 043	0,09		
5,3	0,000 133	0,13	0,000 075	0,11	0,000 044	0,09		
5,4	0,000 138	0,14	0,000 077	0,11	0,000 046	0,09		
5,5	0,000 144	0,14	0,000 080	0,11	0,000 048	0,09		
5,6	0,000 149	0,14	0,000 083	0,11	0,000 049	0,09		
5,7	0,000 154	0,14	0,000 086	0,12	0,000 051	0,10		
5,8	0,000 160	0,15	0,000 089	0,12	0,000 053	0,10		
5,9	0,000 165	0,15	0,000 092	0,12	0,000 055	0,10		
6,0	0,000 171	0,15	0,000 096	0,12	0,000 057	0,10		
6,1	0,000 177	0,15	0,000 099	0,12	0,000 059	0,10		
6,2	0,000 182	0,16	0,000 102	0,13	0,000 060	0,10		
6,3	0,000 188	0,16	0,000 105	0,13	0,000 062	0,11		
6,4	0,000 194	0,16	0,000 109	0,13	0,000 064	0,11		
6,5	0,000 200	0,16	0,000 112	0,13	0,000 066	0,11		
6,6	0,000 207	0,17	0,000 116	0,13	0,000 069	0,11		
6,7	0,000 213	0,17	0,000 119	0,14	0,000 071	0,11		
6,8	0,000 219	0,17	0,000 123	0,14	0,000 073	0,11		
6,9	0,000 226	0,17	0,000 126	0,14	0,000 075	0,12		
7,0	0,000 232	0,18	0,000 130	0,14	0,000 077	0,12		
7,1	0,000 239	0,18	0,000 134	0,14	0,000 079	0,12		
7,2	0,000 246	0,18	0,000 138	0,15	0,000 082	0,12		
7,3	0,000 253	0,18	0,000 142	0,15	0,000 084	0,12		
7,4	0,000 260	0,19	0,000 145	0,15	0,000 086	0,12		
7,5	0,000 267	0,19	0,000 149	0,15	0,000 089	0,13	0,000 055	0,11
7,6	0,000 274	0,19	0,000 153	0,15	0,000 091	0,13	0,000 056	0,11
7,7	0,000 281	0,19	0,000 157	0,16	0,000 093	0,13	0,000 058	0,11
7,8	0,000 289	0,20	0,000 162	0,16	0,000 096	0,13	0,000 059	0,11
7,9	0,000 296	0,20	0,000 166	0,16	0,000 098	0,13	0,000 061	0,11
8,0	0,000 304	0,20	0,000 170	0,16	0,000 101	0,13	0,000 063	0,11
8,1	0,000 311	0,20	0,000 174	0,17	0,000 103	0,14	0,000 064	0,11
8,2	0,000 319	0,21	0,000 179	0,17	0,000 106	0,14	0,000 066	0,12
8,3	0,000 327	0,21	0,000 183	0,17	0,000 108	0,14	0,000 067	0,12
8,4	0,000 335	0,21	0,000 187	0,17	0,000 111	0,14	0,000 069	0,12
8,5	0,000 343	0,21	0,000 192	0,17	0,000 114	0,14	0,000 071	0,12
8,6	0,000 351	0,22	0,000 196	0,18	0,000 116	0,14	0,000 072	0,12
8,7	0,000 359	0,22	0,000 201	0,18	0,000 119	0,15	0,000 074	0,12
8,8	0,000 367	0,22	0,000 206	0,18	0,000 122	0,15	0,000 076	0,12
8,9	0,000 376	0,22	0,000 210	0,18	0,000 125	0,15	0,000 077	0,13
9,0	0,000 384	0,23	0,000 215	0,18	0,000 127	0,15	0,000 079	0,13
9,1	0,000 393	0,23	0,000 220	0,19	0,000 130	0,15	0,000 081	0,13
9,2	0,000 402	0,23	0,000 225	0,19	0,000 133	0,15	0,000 083	0,13
9,3	0,000 410	0,23	0,000 230	0,19	0,000 136	0,16	0,000 084	0,13
9,4	0,000 419	0,24	0,000 235	0,19	0,000 139	0,16	0,000 086	0,13
9,5	0,000 428	0,24	0,000 240	0,19	0,000 142	0,16	0,000 088	0,13
9,6	0,000 437	0,24	0,000 245	0,20	0,000 145	0,16	0,000 090	0,14
9,7	0,000 446	0,24	0,000 250	0,20	0,000 148	0,16	0,000 092	0,14
9,8	0,000 456	0,25	0,000 255	0,20	0,000 151	0,17	0,000 094	0,14
9,9	0,000 465	0,25	0,000 260	0,20	0,000 154	0,17	0,000 096	0,14
10,0	0,000 474	0,25	0,000 266	0,20	0,000 157	0,17	0,000 098	0,14

$Q = 10{,}0\text{—}15{,}0$ Durchmesser: 225 mm—300 mm

Q	Durchmesser 225 mm		Durchmesser 250 mm		Durchmesser 275 mm		Durchmesser 300 mm	
	J	v	J	v	J	v	J	v
10,0	0,000 474	0,25	0,000 266	0,20	0,000 157	0,17	0,000 098	0,14
10,1	0,000 484	0,25	0,000 271	0,21	0,000 160	0,17	0,000 100	0,14
10,2	0,000 494	0,26	0,000 276	0,21	0,000 164	0,17	0,000 102	0,14
10,3	0,000 503	0,26	0,000 282	0,21	0,000 167	0,17	0,000 104	0,15
10,4	0,000 513	0,26	0,000 287	0,21	0,000 170	0,18	0,000 106	0,15
10,5	0,000 523	0,26	0,000 293	0,21	0,000 173	0,18	0,000 108	0,15
10,6	0,000 533	0,27	0,000 298	0,22	0,000 177	0,18	0,000 110	0,15
10,7	0,000 543	0,27	0,000 304	0,22	0,000 180	0,18	0,000 112	0,15
10,8	0,000 553	0,27	0,000 310	0,22	0,000 184	0,18	0,000 114	0,15
10,9	0,000 564	0,27	0,000 316	0,22	0,000 187	0,18	0,000 116	0,15
11,0	0,000 574	0,28	0,000 321	0,22	0,000 190	0,19	0,000 118	0,16
11,1	0,000 585	0,28	0,000 327	0,23	0,000 194	0,19	0,000 120	0,16
11,2	0,000 595	0,28	0,000 333	0,23	0,000 197	0,19	0,000 123	0,16
11,3	0,000 606	0,28	0,000 339	0,23	0,000 201	0,19	0,000 125	0,16
11,4	0,000 617	0,29	0,000 345	0,23	0,000 204	0,19	0,000 127	0,16
11,5	0,000 627	0,29	0,000 351	0,23	0,000 208	0,19	0,000 129	0,16
11,6	0,000 638	0,29	0,000 357	0,24	0,000 212	0,20	0,000 131	0,16
11,7	0,000 450	0,29	0,000 364	0,24	0,000 215	0,20	0,000 134	0,17
11,8	0,000 661	0,30	0,000 370	0,24	0,000 219	0,20	0,000 136	0,17
11,9	0,000 672	0,30	0,000 376	0,24	0,000 223	0,20	0,000 138	0,17
12,0	0,000 683	0,30	0,000 382	0,24	0,000 227	0,20	0,000 141	0,17
12,1	0,000 695	0,30	0,000 389	0,25	0,000 230	0,20	0,000 143	0,17
12,2	0,000 706	0,31	0,000 395	0,25	0,000 234	0,21	0,000 145	0,17
12,3	0,000 718	0,31	0,000 402	0,25	0,000 238	0,21	0,000 148	0,17
12,4	0,000 730	0,31	0,000 408	0,25	0,000 242	0,21	0,000 150	0,18
12,5	0,000 741	0,31	0,000 415	0,25	0,000 246	0,21	0,000 153	0,18
12,6	0,000 753	0,32	0,000 422	0,26	0,000 250	0,21	0,000 155	0,18
12,7	0,000 765	0,32	0,000 428	0,26	0,000 254	0,21	0,000 158	0,18
12,8	0,000 777	0,32	0,000 435	0,26	0,000 258	0,22	0,000 160	0,18
12,9	0,000 790	0,32	0,000 442	0,26	0,000 262	0,22	0,000 163	0,18
13,0	0,000 802	0,33	0,000 449	0,26	0,000 266	0,22	0,000 165	0,18
13,1	0,000 814	0,33	0,000 456	0,27	0,000 270	0,22	0,000 168	0,19
13,2	0,000 827	0,33	0,000 463	0,27	0,000 274	0,22	0,000 170	0,19
13,3	0,000 839	0,33	0,000 470	0,27	0,000 278	0,22	0,000 173	0,19
13,4	0,000 852	0,34	0,000 477	0,27	0,000 283	0,23	0,000 175	0,19
13,5	0,000 865	0,34	0,000 484	0,28	0,000 287	0,23	0,000 178	0,19
13,6	0,000 878	0,34	0,000 491	0,28	0,000 291	0,23	0,000 181	0,19
13,7	0,000 891	0,34	0,000 499	0,28	0,000 295	0,23	0,000 183	0,19
13,8	0,000 904	0,35	0,000 506	0,28	0,000 300	0,23	0,000 186	0,20
13,9	0,000 917	0,35	0,000 513	0,28	0,000 304	0,23	0,000 189	0,20
14,0	0,000 930	0,35	0,000 521	0,29	0,000 308	0,24	0,000 191	0,20
14,1	0,000 943	0,35	0,000 528	0,29	0,000 313	0,24	0,000 194	0,20
14,2	0,000 957	0,36	0,000 536	0,29	0,000 317	0,24	0,000 197	0,20
14,3	0,000 970	0,36	0,000 543	0,29	0,000 322	0,24	0,000 200	0,20
14,4	0,000 984	0,36	0,000 551	0,29	0,000 326	0,24	0,000 203	0,20
14,5	0,000 998	0,36	0,000 558	0,30	0,000 331	0,24	0,000 205	0,21
14,6	0,001 011	0,37	0,000 566	0,30	0,000 335	0,25	0,000 208	0,21
14,7	0,001 025	0,37	0,000 574	0,30	0,000 340	0,25	0,000 211	0,21
14,8	0,001 039	0,37	0,000 582	0,30	0,000 345	0,25	0,000 214	0,21
14,9	0,001 053	0,37	0,000 590	0,30	0,000 349	0,25	0,000 217	0,21
15,0	0,001 068	0,38	0,000 598	0,31	0,000 354	0,25	0,000 220	0,21

$Q = 15{,}0 - 20{,}0$ Durchmesser: 225 mm — 300 mm

Q	Durchmesser 225 mm		Durchmesser 250 mm		Durchmesser 275 mm		Durchmesser 300 mm	
	J	v	J	v	J	v	J	v
15,0	0,001 068	0,38	0,000 598	0,31	0,000 354	0,25	0,000 220	0,21
15,1	0,001 082	0,38	0,000 606	0,31	0,000 359	0,25	0,000 223	0,21
15,2	0,001 096	0,38	0,000 614	0,31	0,000 364	0,26	0,000 226	0,22
15,3	0,001 111	0,38	0,000 622	0,31	0,000 368	0,26	0,000 229	0,22
15,4	0,001 125	0,39	0,000 630	0,31	0,000 373	0,26	0,000 232	0,22
15,5	0,001 140	0,39	0,000 638	0,32	0,000 378	0,26	0,000 235	0,22
15,6	0,001 155	0,39	0,000 646	0,32	0,000 383	0,26	0,000 238	0,22
15,7	0,001 170	0,39	0,000 655	0,32	0,000 388	0,26	0,000 241	0,22
15,8	0,001 184	0,40	0,000 663	0,32	0,000 393	0,27	0,000 244	0,22
15,9	0,001 200	0,40	0,000 671	0,32	0,000 398	0,27	0,000 247	0,22
16,0	0,001 215	0,40	0,000 680	0,33	0,000 403	0,27	0,000 250	0,23
16,1	0,001 230	0,40	0,000 688	0,33	0,000 408	0,27	0,000 253	0,23
16,2	0,001 245	0,41	0,000 697	0,33	0,000 413	0,27	0,000 256	0,23
16,3	0,001 261	0,41	0,000 706	0,33	0,000 418	0,27	0,000 260	0,23
16,4	0,001 276	0,41	0,000 714	0,33	0,000 423	0,28	0,000 263	0,23
16,5	0,001 292	0,42	0,000 723	0,34	0,000 428	0,28	0,000 266	0,23
16,6	0,001 307	0,42	0,000 732	0,34	0,000 434	0,28	0,000 269	0,23
16,7	0,001 323	0,42	0,000 741	0,34	0,000 439	0,28	0,000 272	0,24
16,8	0,001 339	0,42	0,000 750	0,34	0,000 444	0,28	0,000 276	0,24
16,9	0,001 355	0,43	0,000 759	0,34	0,000 449	0,28	0,000 279	0,24
17,0	0,001 371	0,43	0,000 768	0,35	0,000 455	0,29	0,000 282	0,24
17,1	0,001 387	0,43	0,000 777	0,35	0,000 460	0,29	0,000 286	0,24
17,2	0,001 404	0,43	0,000 786	0,35	0,000 465	0,29	0,000 289	0,24
17,3	0,001 420	0,44	0,000 795	0,35	0,000 471	0,29	0,000 292	0,24
17,4	0,001 437	0,44	0,000 804	0,35	0,000 476	0,29	0,000 296	0,25
17,5	0,001 453	0,44	0,000 813	0,36	0,000 482	0,29	0,000 299	0,25
17,6	0,001 470	0,44	0,000 823	0,36	0,000 487	0,30	0,000 303	0,25
17,7	0,001 486	0,45	0,000 832	0,36	0,000 493	0,30	0,000 306	0,25
17,8	0,001 503	0,45	0,000 842	0,36	0,000 499	0,30	0,000 309	0,25
17,9	0,001 520	0,45	0,000 851	0,36	0,000 504	0,30	0,000 313	0,25
18,0	0,001 537	0,45	0,000 861	0,37	0,000 510	0,30	0,000 316	0,25
18,1	0,001 554	0,46	0,000 870	0,37	0,000 515	0,30	0,000 320	0,26
18,2	0,001 572	0,46	0,000 880	0,37	0,000 521	0,31	0,000 324	0,26
18,3	0,001 589	0,46	0,000 889	0,37	0,000 527	0,31	0,000 327	0,26
18,4	0,001 606	0,46	0,000 899	0,37	0,000 533	0,31	0,000 331	0,26
18,5	0,001 624	0,47	0,000 909	0,38	0,000 538	0,31	0,000 334	0,26
18,6	0,001 641	0,47	0,000 919	0,38	0,000 544	0,31	0,000 338	0,26
18,7	0,001 659	0,47	0,000 929	0,38	0,000 550	0,31	0,000 342	0,26
18,8	0,001 677	0,47	0,000 939	0,38	0,000 556	0,32	0,000 345	0,27
18,9	0,001 695	0,48	0,000 949	0,39	0,000 562	0,32	0,000 349	0,27
19,0	0,001 713	0,48	0,000 959	0,39	0,000 568	0,32	0,000 353	0,27
19,1	0,001 731	0,48	0,000 969	0,39	0,000 574	0,32	0,000 356	0,27
19,2	0,001 749	0,48	0,000 979	0,39	0,000 580	0,32	0,000 360	0,27
19,3	0,001 767	0,49	0,000 989	0,39	0,000 586	0,32	0,000 364	0,27
19,4	0,001 786	0,49	0,001 000	0,40	0,000 592	0,33	0,000 368	0,27
19,5	0,001 804	0,49	0,001 010	0,40	0,000 598	0,33	0,000 371	0,28
19,6	0,001 823	0,49	0,001 020	0,40	0,000 604	0,33	0,000 375	0,28
19,7	0,001 841	0,50	0,001 031	0,40	0,000 611	0,33	0,000 379	0,28
19,8	0,001 860	0,50	0,001 041	0,40	0,000 617	0,33	0,000 383	0,28
19,9	0,001 879	0,50	0,001 052	0,41	0,000 623	0,34	0,000 387	0,28
20,0	0,001 898	0,50	0,001 062	0,41	0,000 629	0,34	0,000 391	0,28

$Q = 20{,}0—25{,}0$ Durchmesser: 225 mm—300 mm

Q	Durchmesser 225 mm		Durchmesser 250 mm		Durchmesser 275 mm		Durchmesser 300 mm	
	J	v	J	v	J	v	J	v
20,0	0,001 898	0,50	0,001 062	0,41	0,000 629	0,34	0,000 391	0,28
20,1	0,001 917	0,51	0,001 073	0,41	0,000 636	0,34	0,000 395	0,28
20,2	0,001 936	0,51	0,001 084	0,41	0,000 642	0,34	0,000 399	0,29
20,3	0,001 955	0,51	0,001 095	0,41	0,000 648	0,34	0,000 402	0,29
20,4	0,001 975	0,51	0,001 105	0,42	0,000 655	0,34	0,000 406	0,29
20,5	0,001 994	0,52	0,001 116	0,42	0,000 661	0,35	0,000 410	0,29
20,6	0,002 013	0,52	0,001 127	0,42	0,000 668	0,35	0,000 414	0,29
20,7	0,002 033	0,52	0,001 138	0,42	0,000 674	0,35	0,000 419	0,29
20,8	0,002 053	0,52	0,001 149	0,42	0,000 681	0,35	0,000 423	0,29
20,9	0,002 073	0,53	0,001 160	0,43	0,000 687	0,35	0,000 427	0,30
21,0	0,002 092	0,53	0,001 171	0,43	0,000 694	0,35	0,000 431	0,30
21,1	0,002 112	0,53	0,001 183	0,43	0,000 700	0,36	0,000 435	0,30
21,2	0,002 132	0,53	0,001 194	0,43	0,000 707	0,36	0,000 439	0,30
21,3	0,002 153	0,54	0,001 205	0,43	0,000 714	0,36	0,000 443	0,30
21,4	0,002 173	0,54	0,001 216	0,44	0,000 721	0,36	0,000 447	0,30
21,5	0,002 193	0,54	0,001 228	0,44	0,000 727	0,36	0,000 451	0,30
21,6	0,002 214	0,54	0,001 239	0,44	0,000 734	0,36	0,000 456	0,31
21,7	0,002 234	0,55	0,001 251	0,44	0,000 741	0,37	0,000 460	0,31
21,8	0,002 255	0,55	0,001 262	0,44	0,000 748	0,37	0,000 464	0,31
21,9	0,002 276	0,55	0,001 274	0,45	0,000 755	0,37	0,000 468	0,31
22,0	0,002 296	0,55	0,001 286	0,45	0,000 762	0,37	0,000 473	0,31
22,1	0,002 317	0,56	0,001 297	0,45	0,000 768	0,37	0,000 477	0,31
22,2	0,002 338	0,56	0,001 309	0,45	0,000 775	0,37	0,000 481	0,31
22,3	0,002 359	0,56	0,001 321	0,45	0,000 782	0,38	0,000 486	0,32
22,4	0,002 381	0,56	0,001 333	0,46	0,000 789	0,38	0,000 490	0,32
22,5	0,002 402	0,57	0,001 345	0,46	0,000 797	0,38	0,000 494	0,32
22,6	0,002 423	0,57	0,001 357	0,46	0,000 804	0,38	0,000 500	0,32
22,7	0,002 445	0,57	0,001 369	0,46	0,000 811	0,38	0,000 503	0,32
22,8	0,002 466	0,57	0,001 381	0,46	0,000 818	0,38	0,000 508	0,32
22,9	0,002 488	0,58	0,001 393	0,47	0,000 825	0,39	0,000 512	0,32
23,0	0,002 510	0,58	0,001 405	0,47	0,000 832	0,39	0,000 517	0,32
23,1	0,002 532	0,58	0,001 417	0,47	0,000 840	0,39	0,000 521	0,33
23,2	0,002 554	0,58	0,001 430	0,47	0,000 847	0,39	0,000 526	0,33
23,3	0,002 576	0,59	0,001 442	0,47	0,000 854	0,39	0,000 530	0,33
23,4	0,002 598	0,59	0,001 454	0,48	0,000 861	0,39	0,000 535	0,33
23,5	0,002 620	0,59	0,001 467	0,48	0,000 869	0,40	0,000 539	0,33
23,6	0,002 643	0,59	0,001 479	0,48	0,000 876	0,40	0,000 544	0,33
23,7	0,002 665	0,60	0,001 492	0,48	0,000 884	0,40	0,000 549	0,34
23,8	0,002 688	0,60	0,001 505	0,48	0,000 891	0,40	0,000 553	0,34
23,9	0,002 710	0,60	0,001 517	0,49	0,000 899	0,40	0,000 558	0,34
24,0	0,002 733	0,60	0,001 530	0,49	0,000 906	0,40	0,000 563	0,34
24,1	0,002 756	0,61	0,001 543	0,49	0,000 914	0,41	0,000 567	0,34
24,2	0,002 779	0,61	0,001 556	0,49	0,000 921	0,41	0,000 572	0,34
24,3	0,002 802	0,61	0,001 568	0,50	0,000 929	0,41	0,000 577	0,34
24,4	0,002 825	0,61	0,001 581	0,50	0,000 937	0,41	0,000 581	0,35
24,5	0,002 848	0,62	0,001 594	0,50	0,000 944	0,41	0,000 586	0,35
24,6	0,002 871	0,62	0,001 607	0,50	0,000 952	0,41	0,000 591	0,35
24,7	0,002 895	0,62	0,001 620	0,50	0,000 960	0,42	0,000 596	0,35
24,8	0,002 918	0,62	0,001 634	0,51	0,000 968	0,42	0,000 600	0,35
24,9	0,002 942	0,63	0,001 647	0,51	0,000 975	0,42	0,000 606	0,35
25,0	0,002 965	0,63	0,001 660	0,51	0,000 983	0,42	0,000 610	0,35

Q	Durchmesser 225 mm		Durchmesser 250 mm		Durchmesser 275 mm		Durchmesser 300 mm	
	J	v	J	v	J	v	J	v
25,0	0,002 965	0,63	0,001 660	0,51	0,000 983	0,42	0,000 610	0,35
25,2	0,003 013	0,63	0,001 687	0,51	0,000 999	0,42	0,000 620	0,36
25,4	0,003 061	0,64	0,001 714	0,52	0,001 015	0,43	0,000 630	0,36
25,6	0,003 109	0,64	0,001 741	0,52	0,001 031	0,43	0,000 640	0,36
25,8	0,003 158	0,65	0,001 768	0,53	0,001 047	0,43	0,000 650	0,37
26,0	0,003 207	0,65	0,001 796	0,53	0,001 064	0,44	0,000 660	0,37
26,2	0,003 257	0,66	0,001 823	0,53	0,001 080	0,44	0,000 670	0,37
26,4	0,003 307	0,66	0,001 851	0,54	0,001 097	0,44	0,000 681	0,37
26,6	0,003 357	0,67	0,001 879	0,54	0,001 113	0,45	0,000 691	0,38
26,8	0,003 408	0,67	0,001 908	0,55	0,001 130	0,45	0,000 702	0,38
27,0	0,003 459	0,68	0,001 936	0,55	0,001 147	0,45	0,000 712	0,38
27,2	0,003 510	0,68	0,001 965	0,55	0,001 164	0,46	0,000 722	0,38
27,4	0,003 562	0,69	0,001 994	0,56	0,001 181	0,46	0,000 733	0,39
27,6	0,003 614	0,69	0,002 023	0,56	0,001 199	0,46	0,000 744	0,39
27,8	0,003 669	0,70	0,002 053	0,57	0,001 216	0,47	0,000 754	0,39
28,0	0,003 720	0,70	0,002 082	0,57	0,001 234	0,47	0,000 766	0,40
28,2	0,003 773	0,71	0,002 112	0,57	0,001 251	0,47	0,000 777	0,40
28,4	0,003 827	0,71	0,002 142	0,58	0,001 269	0,48	0,000 788	0,40
28,6	0,003 881	0,72	0,002 173	0,58	0,001 287	0,48	0,000 799	0,40
28,8	0,003 935	0,72	0,002 203	0,59	0,001 305	0,48	0,000 810	0,41
29,0	0,003 990	0,73	0,002 234	0,59	0,001 323	0,49	0,000 821	0,41
29,2	0,004 046	0,73	0,002 265	0,59	0,001 342	0,49	0,000 833	0,41
29,4	0,004 101	0,74	0,002 296	0,60	0,001 360	0,49	0,000 844	0,42
29,6	0,004 157	0,74	0,002 327	0,60	0,001 379	0,50	0,000 856	0,42
29,8	0,004 213	0,75	0,002 359	0,61	0,001 397	0,50	0,000 867	0,42
30,0	0,004 270	0,75	0,002 390	0,61	0,001 416	0,51	0,000 879	0,42
30,2	0,004 327	0,76	0,002 422	0,62	0,001 435	0,51	0,000 891	0,43
30,4	0,004 385	0,76	0,002 455	0,62	0,001 454	0,51	0,000 903	0,43
30,6	0,004 443	0,77	0,002 487	0,62	0,001 473	0,52	0,000 915	0,43
30,8	0,004 501	0,77	0,002 520	0,63	0,001 493	0,52	0,000 927	0,44
31,0	0,004 560	0,78	0,002 552	0,63	0,001 512	0,52	0,000 939	0,44
31,2	0,004 619	0,78	0,002 586	0,64	0,001 532	0,53	0,000 951	0,44
31,4	0,004 678	0,79	0,002 619	0,64	0,001 551	0,53	0,000 963	0,44
31,6	0,004 738	0,79	0,002 652	0,64	0,001 571	0,53	0,000 975	0,45
31,8	0,004 798	0,80	0,002 686	0,65	0,001 591	0,54	0,000 988	0,45
32,0	0,004 859	0,80	0,002 720	0,65	0,001 611	0,54	0,001 000	0,45
32,2	0,004 919	0,81	0,002 754	0,66	0,001 631	0,54	0,001 013	0,46
32,4	0,004 981	0,81	0,002 788	0,66	0,001 652	0,55	0,001 025	0,46
32,6	0,005 042	0,82	0,002 823	0,66	0,001 672	0,55	0,001 038	0,46
32,8	0,005 105	0,82	0,002 858	0,67	0,001 693	0,55	0,001 051	0,46
33,0	0,005 167	0,83	0,002 892	0,67	0,001 713	0,56	0,001 064	0,47
33,2	0,005 230	0,84	0,002 928	0,68	0,001 734	0,56	0,001 077	0,47
33,4	0,005 293	0,84	0,002 963	0,68	0,001 755	0,56	0,001 090	0,47
33,6	0,005 357	0,85	0,002 999	0,68	0,001 776	0,57	0,001 103	0,48
33,8	0,005 421	0,85	0,003 034	0,69	0,001 797	0,57	0,001 116	0,48
34,0	0,005 485	0,86	0,003 070	0,69	0,001 819	0,57	0,001 129	0,48
34,2	0,005 550	0,86	0,003 107	0,70	0,001 840	0,58	0,001 142	0,48
34,4	0,005 615	0,87	0,003 143	0,70	0,001 862	0,58	0,001 156	0,49
34,6	0,005 680	0,87	0,003 180	0,70	0,001 884	0,58	0,001 169	0,49
34,8	0,005 746	0,88	0,003 217	0,71	0,001 905	0,59	0,001 183	0,49
35,0	0,005 812	0,88	0,003 254	0,71	0,001 927	0,59	0,001 196	0,50

$Q = 35{,}0 - 45{,}0$ Durchmesser: 225 mm—300 mm

Q	Durchmesser 225 mm		Durchmesser 250 mm		Durchmesser 275 mm		Durchmesser 300 mm	
	J	v	J	v	J	v	J	v
35,0	0,005 812	0,88	0,003 254	0,71	0,001 927	0,59	0,001 196	0,50
35,2	0,005 879	0,89	0,003 291	0,72	0,001 949	0,59	0,001 210	0,50
35,4	0,005 946	0,89	0,003 328	0,72	0,001 972	0,60	0,001 224	0,50
35,6	0,006 013	0,90	0,003 366	0,73	0,001 994	0,60	0,001 238	0,50
35,8	0,006 081	0,90	0,003 404	0,73	0,002 016	0,60	0,001 252	0,51
36,0	0,006 149	0,91	0,003 442	0,73	0,002 089	0,61	0,001 266	0,51
36,2	0,006 218	0,91	0,003 481	0,74	0,002 062	0,61	0,001 280	0,51
36,4	0,006 287	0,92	0,003 519	0,74	0,002 085	0,61	0,001 294	0,52
36,6	0,006 536	0,92	0,003 558	0,75	0,002 108	0,62	0,001 308	0,52
36,8	0,006 425	0,93	0,003 597	0,75	0,002 131	0,62	0,001 323	0,52
37,0	0,006 495	0,93	0,003 636	0,75	0,002 154	0,62	0,001 337	0,52
37,2	0,006 566	0,94	0,003 676	0,76	0,002 177	0,63	0,001 352	0,53
37,4	0,006 637	0,94	0,003 715	0,76	0,002 201	0,63	0,001 366	0,53
37,6	0,006 708	0,95	0,003 755	0,77	0,002 224	0,63	0,001 381	0,53
37,8	0,006 780	0,95	0,003 795	0,77	0,002 248	0,64	0,001 396	0,53
38,0	0,006 851	0,96	0,003 835	0,77	0,002 272	0,64	0,001 410	0,54
38,2	0,006 924	0,96	0,003 876	0,78	0,002 296	0,64	0,001 425	0,54
38,4	0,006 996	0,97	0,003 917	0,78	0,002 320	0,65	0,001 440	0,54
38,6	0,007 069	0,97	0,003 957	0,79	0,002 344	0,65	0,001 455	0,55
38,8	0,007 143	0,98	0,003 999	0,79	0,002 369	0,65	0,001 470	0,55
39,0	0,007 217	0,98	0,004 040	0,79	0,002 391	0,66	0,001 486	0,55
39,2	0,007 291	0,99	0,004 081	0,80	0,002 418	0,66	0,001 501	0,55
39,4	0,007 365	0,99	0,004 123	0,80	0,002 442	0,66	0,001 516	0,56
39,6	0,007 440	1,00	0,004 165	0,81	0,002 467	0,67	0,001 532	0,56
39,8	0,007 516	1,00	0,004 207	0,81	0,002 492	0,67	0,001 547	0,56
40,0	0,007 592	1,01	0,004 250	0,82	0,002 517	0,67	0,001 563	0,57
40,2	0,007 668	1,01	0,004 292	0,82	0,002 543	0,68	0,001 578	0,57
40,4	0,007 744	1,02	0,004 335	0,82	0,002 568	0,68	0,001 594	0,57
40,6	0,007 821	1,02	0,004 378	0,83	0,002 593	0,68	0,001 610	0,57
40,8	0,007 898	1,03	0,004 421	0,83	0,002 619	0,69	0,001 626	0,58
41,0	0,007 976	1,03	0,004 465	0,84	0,002 645	0,69	0,001 642	0,58
41,2	0,008 054	1,04	0,004 509	0,84	0,002 671	0,69	0,001 658	0,58
41,4	0,008 132	1,04	0,004 552	0,84	0,002 697	0,70	0,001 674	0,59
41,6	0,008 211	1,05	0,004 596	0,85	0,002 723	0,70	0,001 690	0,59
41,8	0,008 290	1,05	0,004 641	0,85	0,002 749	0,70	0,001 707	0,59
42,0	0,008 370	1,06	0,004 685	0,86	0,002 775	0,71	0,001 723	0,59
42,2	0,008 450	1,06	0,004 730	0,86	0,002 802	0,71	0,001 739	0,60
42,4	0,008 530	1,07	0,004 775	0,86	0,002 829	0,71	0,001 756	0,60
42,6	0,008 610	1,07	0,004 820	0,87	0,002 855	0,72	0,001 773	0,60
42,8	0,008 692	1,08	0,004 866	0,87	0,002 882	0,72	0,001 789	0,61
43,0	0,008 773	1,08	0,004 911	0,88	0,002 909	0,72	0,001 806	0,61
43,2	0,008 855	1,09	0,004 957	0,88	0,002 936	0,73	0,001 823	0,61
43,4	0,008 937	1,09	0,005 003	0,88	0,002 964	0,73	0,001 840	0,61
43,6	0,009 019	1,10	0,005 049	0,89	0,002 991	0,73	0,001 856	0,62
43,8	0,009 102	1,10	0,005 096	0,89	0,003 018	0,74	0,001 874	0,62
44,0	0,009 186	1,11	0,005 142	0,90	0,003 046	0,74	0,001 891	0,62
44,2	0,009 269	1,11	0,005 189	0,90	0,003 074	0,74	0,001 908	0,63
44,4	0,009 353	1,12	0,005 236	0,90	0,003 102	0,75	0,001 925	0,63
44,6	0,009 438	1,12	0,005 283	0,91	0,003 130	0,75	0,001 943	0,63
44,8	0,009 523	1,13	0,005 331	0,91	0,003 158	0,75	0,001 960	0,63
45,0	0,009 608	1,13	0,005 379	0,92	0,003 186	0,76	0,001 978	0,64

$Q = 45{,}0-62{,}5$ Durchmesser: 225 mm—300 mm

Q	Durchmesser 225 mm		Durchmesser 250 mm		Durchmesser 275 mm		Durchmesser 300 mm	
	J	v	J	v	J	v	J	v
45,0	0,009 608	1,13	0,005 379	0,92	0,003 186	0,76	0,001 978	0,64
45,2	0,009 694	1,14	0,005 426	0,92	0,003 321	0,76	0,001 995	0,64
45,4	0,009 780	1,14	0,005 475	0,92	0,003 243	0,76	0,002 013	0,64
45,6	0,009 866	1,15	0,005 523	0,93	0,003 272	0,77	0,002 031	0,65
45,8	0,009 953	1,15	0,005 571	0,93	0,003 300	0,77	0,002 049	0,65
46,0	0,010 040	1,16	0,005 620	0,94	0,003 329	0,77	0,002 067	0,65
46,2	0,010 127	1,16	0,005 669	0,94	0,003 358	0,78	0,002 085	0,65
46,4	0,010 215	1,17	0,005 718	0,95	0,003 387	0,78	0,002 103	0,66
46,6	0,010 303	1,17	0,005 768	0,95	0,003 417	0,78	0,002 121	0,66
46,8	0,010 392	1,18	0,005 817	0,95	0,003 446	0,79	0,002 139	0,66
47,0	0,010 481	1,18	0,005 867	0,96	0,003 476	0,79	0,002 158	0,66
47,2	0,010 570	1,19	0,005 917	0,96	0,003 505	0,79	0,002 176	0,67
47,4	0,010 660	1,19	0,005 968	0,97	0,003 535	0,80	0,002 194	0,67
47,6	0,010 750	1,20	0,006 018	0,97	0,003 565	0,80	0,002 213	0,67
47,8	0,010 841	1,20	0,006 069	0,97	0,003 595	0,80	0,002 232	0,68
48,0	0,010 932	1,21	0,006 120	0,98	0,003 625	0,81	0,002 250	0,68
48,2	0,011 023	1,21	0,006 171	0,98	0,003 655	0,81	0,002 269	0,68
48,4	0,011 115	1,22	0,006 222	0,99	0,003 686	0,81	0,002 288	0,68
48,6	0,011 207	1,22	0,006 274	0,99	0,003 716	0,82	0,002 307	0,69
48,8	0,011 299	1,23	0,006 325	0,99	0,003 747	0,82	0,002 326	0,69
49,0	0,011 392	1,23	0,006 377	1,00	0,003 778	0,82	0,002 345	0,69
49,2	0,011 485	1,24	0,006 429	1,00	0,003 809	0,83	0,002 364	0,70
49,4	0,011 579	1,24	0,006 482	1,01	0,003 840	0,83	0,002 384	0,70
49,6	0,011 673	1,25	0,006 534	1,01	0,003 871	0,84	0,002 403	0,70
49,8	0,011 767	1,25	0,006 587	1,01	0,003 902	0,84	0,002 422	0,70
50,0	0,011 862	1,26	0,006 640	1,02	0,003 933	0,84	0,002 442	0,71
50,5	0,012 100	1,27	0,006 774	1,03	0,004 012	0,85	0,002 491	0,71
51,0	0,012 341	1,28	0,006 908	1,04	0,004 092	0,86	0,002 540	0,72
51,5	0,012 584	1,30	0,007 045	1,05	0,004 173	0,87	0,002 590	0,73
52,0	0,012 830	1,31	0,007 182	1,06	0,004 254	0,88	0,002 641	0,74
52,5	0,013 078	1,32	0,007 321	1,07	0,004 337	0,88	0,002 692	0,74
53,0	0,013 328	1,33	0,007 461	1,08	0,004 420	0,89	0,002 744	0,75
53,5	0,013 580	1,35	0,007 602	1,09	0,004 503	0,90	0,002 796	0,76
54,0	0,013 836	1,36	0,007 745	1,10	0,004 588	0,91	0,002 848	0,76
54,5	0,014 093	1,37	0,007 889	1,11	0,004 673	0,92	0,002 901	0,77
55,0	0,014 144	1,38	0,008 035	1,12	0,004 759	0,93	0,002 954	0,78
55,5	0,014 615	1,40	0,008 181	1,13	0,004 846	0,93	0,003 009	0,79
56,0	0,014 879	1,41	0,008 329	1,14	0,004 934	0,94	0,003 063	0,79
56,5	0,015 146	1,42	0,008 479	1,15	0,005 023	0,95	0,003 118	0,80
57,0	0,015 415	1,43	0,008 630	1,16	0,005 112	0,96	0,003 173	0,81
57,5	0,015 687	1,45	0,008 782	1,17	0,005 202	0,97	0,003 229	0,81
58,0	0,015 961	1,46	0,008 935	1,18	0,005 293	0,98	0,003 286	0,82
58,5	0,016 238	1,47	0,009 090	1,19	0,005 384	0,98	0,003 343	0,83
59,0	0,016 516	1,48	0,009 246	1,20	0,005 477	0,99	0,003 400	0,83
59,5	0,016 797	1,50	0,009 403	1,21	0,005 570	1,00	0,003 458	0,84
60,0	0,017 081	1,51	0,009 562	1,22	0,005 664	1,01	0,003 516	0,85
60,5	0,017 367	1,52	0,009 722	1,23	0,005 759	1,02	0,003 575	0,86
61,0	0,017 655	1,53	0,009 883	1,24	0,005 854	1,03	0,003 634	0,86
61,5	0,017 946	1,55	0,010 046	1,25	0,005 951	1,04	0,003 694	0,87
62,0	0,018 239	1,56	0,010 210	1,26	0,006 048	1,04	0,003 755	0,88
62,5	0,018 534	1,57	0,010 375	1,27	0,006 146	1,05	0,003 815	0,88

$Q = 62{,}5 - 87{,}5$ Durchmesser: 225 mm — 300 mm

Q	Durchmesser 225 mm		Durchmesser 250 mm		Durchmesser 275 mm		Durchmesser 300 mm	
	J	v	J	v	J	v	J	v
62,5	0,018 534	1,57	0,010 375	1,27	0,006 146	1,05	0,003 815	0,88
63,0	0,018 832	1,58	0,010 542	1,27	0,006 245	1,06	0,003 877	0,89
63,5	0,019 132	1,60	0,010 710	1,28	0,006 344	1,07	0,003 938	0,90
64,0	0,019 434	1,61	0,010 879	1,30	0,006 444	1,08	0,004 001	0,91
64,5	0,019 739	1,62	0,011 050	1,31	0,006 546	1,09	0,004 063	0,91
65,0	0,020 046	1,63	0,011 222	1,32	0,006 647	1,09	0,004 127	0,92
65,5	0,020 356	1,65	0,011 395	1,33	0,006 750	1,10	0,004 190	0,93
66,0	0,020 668	1,66	0,011 570	1,34	0,006 854	1,11	0,004 255	0,93
66,5	0,020 982	1,67	0,011 746	1,35	0,006 958	1,12	0,004 319	0,94
67,0	0,021 299	1,69	0,011 923	1,36	0,007 063	1,13	0,004 384	0,95
67,5	0,021 618	1,70	0,012 102	1,38	0,007 169	1,14	0,004 450	0,95
68,0	0,021 939	1,71	0,012 282	1,39	0,007 275	1,14	0,004 516	0,96
68,5	0,022 263	1,72	0,012 463	1,40	0,007 383	1,15	0,004 583	0,97
69,0	0,022 589	1,74	0,012 646	1,41	0,007 491	1,16	0,004 650	0,98
69,5	0,022 918	1,75	0,012 829	1,42	0,007 560	1,17	0,004 718	0,98
70,0	0,023 249	1,76	0,013 015	1,43	0,007 709	1,18	0,004 786	0,99
70,5	0,023 582	1,77	0,013 201	1,44	0,007 820	1,19	0,004 855	1,00
71,0	0,023 918	1,79	0,013 389	1,45	0,007 931	1,20	0,004 924	1,00
71,5	0,024 256	1,80	0,013 579	1,46	0,008 043	1,20	0,004 993	1,01
72,0	0,024 596	1,81	0,013 769	1,47	0,008 156	1,21	0,005 063	1,02
72,5	0,024 939	1,82	0,013 961	1,48	0,008 270	1,22	0,005 134	1,03
73,0	0,025 284	1,84	0,014 154	1,49	0,008 384	1,23	0,005 205	1,03
73,5	0,025 632	1,85	0,014 349	1,50	0,008 500	1,24	0,005 276	1,04
74,0	0,025 982	1,86	0,014 545	1,51	0,008 616	1,25	0,005 349	1,05
74,5	0,026 334	1,87	0,014 742	1,52	0,008 733	1,25	0,005 421	1,05
75,0	0,026 689	1,89	0,014 940	1,53	0,008 850	1,26	0,005 494	1,06
75,5	0,027 046	1,90	0,015 140	1,54	0,008 969	1,27	0,005 568	1,07
76,0	0,027 405	1,91	0,015 341	1,55	0,009 088	1,28	0,005 642	1,08
76,5	0,027 767	1,92	0,015 544	1,56	0,009 208	1,29	0,005 716	1,08
77,0	0,028 131	1,94	0,015 748	1,57	0,009 328	1,30	0,005 791	1,09
77,5	0,028 498	1,95	0,015 953	1,58	0,009 450	1,30	0,005 866	1,10
78,0	0,028 867	1,96	0,016 160	1,59	0,009 572	1,31	0,005 942	1,10
79,5	0,029 238	1,97	0,016 367	1,60	0,009 695	1,32	0,006 089	1,11
79,0	0,029 612	1,99	0,016 577	1,61	0,009 819	1,33	0,006 096	1,12
79,5	0,029 988	2,00	0,016 787	1,62	0,009 944	1,34	0,006 173	1,12
80,0	0,030 366	2,01	0,016 999	1,63	0,010 069	1,35	0,006 251	1,13
80,5	0,030 747	2,02	0,017 212	1,64	0,010 196	1,36	0,006 329	1,14
81,0	0,031 130	2,04	0,017 427	1,65	0,010 323	1,36	0,006 408	1,15
81,5	0,031 515	2,05	0,017 642	1,66	0,010 451	1,37	0,006 488	1,15
82,0	0,031 903	2,06	0,017 859	1,67	0,010 579	1,38	0,006 567	1,16
82,5	0,032 294	2,07	0,018 078	1,68	0,010 709	1,39	0,006 648	1,17
83,0	0,032 686	2,09	0,018 298	1,69	0,010 839	1,40	0,006 728	1,17
83,5	0,033 081	2,10	0,018 519	1,70	0,010 970	1,41	0,006 810	1,18
84,0	0,033 479	2,11	0,018 741	1,71	0,011 102	1,41	0,006 892	1,19
84,5	0,033 878	2,13	0,018 965	1,72	0,011 234	1,42	0,006 974	1,20
85,0	0,034 280	2,14	0,019 190	1,73	0,011 367	1,43	0,007 057	1,20
85,5	0,034 685	2,15	0,019 417	1,74	0,011 502	1,44	0,007 140	1,21
86,0	0,035 092	2,16	0,019 644	1,75	0,011 637	1,45	0,007 224	1,22
86,5	0,035 501	2,18	0,019 873	1,76	0,011 772	1,46	0,007 308	1,22
87,0	0,035 913	2,19	0,020 104	1,77	0,011 909	1,46	0,007 393	1,23
87,5	0,036 327	2,20	0,020 336	1,78	0,012 046	1,47	0,007 478	1,24

Q	Durchmesser 225 mm		Durchmesser 250 mm		Durchmesser 275 mm		Durchmesser 300 mm	
	J	v	J	v	J	v	J	v
87,5	0,036 327	2,20	0,020 336	1,78	0,012 046	1,47	0,007 478	1,24
88,0	0,036 743	2,21	0,020 569	1,79	0,012 184	1,48	0,007 564	1,24
88,5	0,037 162	2,23	0,020 803	1,80	0,012 323	1,49	0,007 650	1,25
89,0	0,037 583	2,24	0,021 039	1,81	0,012 463	1,50	0,007 737	1,26
89,5	0,038 006	2,25	0,021 276	1,82	0,012 603	1,51	0,007 824	1,27
90,0	0,038 432	2,26	0,021 514	1,83	0,012 744	1,52	0,007 911	1,27
90,5	0,038 860	2,28	0,021 754	1,84	0,012 886	1,52	0,008 000	1,28
91,0	0,039 291	2,29	0,021 995	1,85	0,013 029	1,53	0,008 088	1,29
91,5	0,039 724	2,30	0,022 237	1,86	0,013 173	1,54	0,008 177	1,29
92,0	0,040 159	2,31	0,022 481	1,87	0,013 317	1,55	0,008 267	1,30
92,5	0,040 597	2,33	0,022 726	1,88	0,013 462	1,56	0,008 357	1,31
93,0	0,041 037	2,34	0,022 972	1,89	0,013 608	1,57	0,008 448	1,32
93,5	0,041 479	2,35	0,023 220	1,90	0,013 755	1,57	0,008 539	1,32
94,0	0,041 924	2,36	0,023 469	1,91	0,013 902	1,58	0,008 630	1,33
94,5	0,042 371	2,38	0,023 719	1,93	0,014 050	1,59	0,008 722	1,34
95,0	0,042 821	2,39	0,023 971	1,94	0,014 200	1,60	0,008 815	1,34
95,5	0,043 273	2,40	0,024 224	1,95	0,014 349	1,61	0,008 908	1,35
96,0	0,043 727	2,41	0,024 478	1,96	0,014 500	1,62	0,009 001	1,36
96,5	0,044 184	2,43	0,024 734	1,97	0,014 651	1,62	0,009 095	1,37
97,0	0,044 643	2,44	0,024 991	1,98	0,014 804	1,63	0,009 190	1,37
97,5	0,045 104	2,45	0,025 249	1,99	0,014 957	1,64	0,009 285	1,38
98,0	0,045 568	2,46	0,025 509	2,00	0,015 111	1,65	0,009 380	1,39
98,5	0,046 034	2,48	0,025 770	2,01	0,015 265	1,66	0,009 476	1,39
99,0	0,046 503	2,49	0,026 032	2,02	0,015 420	1,67	0,009 573	1,40
99,5	0,046 974	2,50	0,026 296	2,03	0,015 577	1,68	0,009 670	1,41
100	0,047 447	2,52	0,026 561	2,04	0,015 734	1,68	0,009 767	1,41
101	0,048 401	2,54	0,027 095	2,06	0,016 050	1,70	0,009 963	1,43
102	0,049 364	2,57	0,027 634	2,08	0,016 369	1,72	0,010 162	1,44
103	0,050 336	2,59	0,028 178	2,10	0,016 692	1,73	0,010 362	1,46
104	0,051 319	2,62	0,028 728	2,12	0,017 017	1,75	0,010 564	1,47
105	0,052 310	2,64	0,029 283	2,14	0,017 346	1,77	0,010 768	1,49
106	0,053 311	2,67	0,029 844	2,16	0,017 678	1,78	0,010 974	1,50
107	0,054 322	2,69	0,030 409	2,18	0,018 013	1,80	0,011 182	1,51
108	0,055 342	2,72	0,030 980	2,20	0,018 352	1,82	0,011 392	1,53
109	0,056 372	2,74	0,031 557	2,22	0,018 693	1,84	0,011 604	1,54
110	0,057 412	2,77	0,032 139	2,24	0,019 038	1,85	0,011 818	1,56
111	0,058 459	2,79	0,032 726	2,26	0,019 385	1,87	0,012 034	1,57
112	0,059 517	2,82	0,033 318	2,28	0,019 736	1,89	0,012 252	1,58
113	0,060 585	2,84	0,033 915	2,30	0,020 090	1,90	0,012 472	1,60
114	0,061 662	2,87	0,034 518	2,32	0,020 447	1,92	0,012 693	1,61
115	0,062 749	2,89	0,035 127	2,34	0,020 808	1,94	0,012 917	1,63
116	0,063 845	2,92	0,035 740	2,36	0,021 171	1,95	0,013 143	1,64
117	0,064 950	2,94	0,036 359	2,38	0,021 538	1,97	0,013 370	1,66
118	0,066 065	2,97	0,036 983	2,40	0,021 907	1,99	0,013 600	1,67
119	0,067 190	2,99	0,037 613	2,42	0,022 280	2,00	0,013 831	1,68
120	0,068 324	3,02	0,038 247	2,44	0,022 656	2,02	0,014 065	1,70
121	0,069 467	3,04	0,038 888	2,47	0,023 036	2,04	0,014 300	1,71
122	0,070 620	3,07	0,039 533	2,49	0,023 418	2,05	0,014 537	1,73
123	0,071 782	3,09	0,040 184	2,51	0,023 803	2,07	0,014 777	1,74
124	0,072 954	3,12	0,040 840	2,53	0,024 192	2,09	0,015 018	1,75
125	0,074 136	3,14	0,041 501	2,55	0,024 584	2,10	0,015 261	1,77

$Q = 125$—175 Durchmesser: 250 mm—300 mm

Q	Durchmesser 250 mm		Durchmesser 275 mm		Durchmesser 300 mm			
	J	v	J	v	J	v		
125	0,041 501	2,55	0,024 584	2,10	0,015 261	1,77		
126	0,042 168	2,57	0,024 979	2,12	0,015 506	1,78		
127	0,042 840	2,59	0,025 377	2,14	0,015 753	1,80		
128	0,043 517	2,61	0,025 778	2,16	0,016 003	1,81		
129	0,044 200	2,63	0,026 182	2,17	0,016 254	1,83		
130	0,044 888	2,65	0,026 590	2,19	0,016 506	1,84		
131	0,045 581	2,67	0,027 000	2,21	0,016 761	1,85		
132	0,046 280	2,69	0,027 414	2,22	0,017 018	1,87		
133	0,046 983	2,71	0,027 831	2,24	0,017 277	1,88		
134	0,047 692	2,73	0,028 251	2,26	0,017 537	1,90		
135	0,048 407	2,75	0,028 674	2,27	0,017 801	1,91		
136	0,049 127	2,77	0,029 101	2,29	0,018 065	1,92		
137	0,049 852	2,79	0,029 530	2,31	0,018 332	1,94		
138	0,050 582	2,81	0,029 963	2,32	0,018 601	1,95		
139	0,051 318	2,83	0,030 399	2,34	0,018 871	1,97		
140	0,052 059	2,85	0,030 838	2,36	0,019 144	1,98		
141	0,052 805	2,87	0,031 280	2,37	0,019 418	1,99		
142	0,053 557	2,89	0,031 725	2,39	0,019 694	2,01		
143	0,054 314	2,91	0,032 174	2,41	0,019 973	2,02		
144	0,055 076	2,93	0,032 625	2,42	0,020 253	2,04		
145	0,055 844	2,95	0,033 080	2,44	0,020 535	2,05		
146	0,056 617	2,97	0,033 538	2,46	0,020 820	2,07		
147	0,057 395	2,99	0,033 999	2,47	0,021 106	2,08		
148	0,058 179	3,02	0,034 463	2,49	0,021 394	2,09		
149	0,058 968	3,04	0,034 930	2,51	0,021 684	2,11		
150	0,059 762	3,06	0,035 401	2,53	0,021 976	2,12		
151			0,035 874	2,54	0,022 270	2,14		
152			0,036 351	2,56	0,022 566	2,15		
153			0,036 831	2,58	0,022 864	2,16		
154			0,037 314	2,59	0,023 164	2,18		
155			0,037 800	2,61	0,023 466	2,19		
156			0,038 289	2,63	0,023 769	2,21		
157			0,038 782	2,64	0,024 075	2,22		
158			0,039 277	2,66	0,024 383	2,24		
159			0,039 776	2,68	0,024 692	2,25		
160			0,040 278	2,69	0,025 004	2,26		
161			0,040 783	2,71	0,025 317	2,28		
162			0,041 291	2,73	0,025 633	2,29		
163			0,041 802	2,74	0,025 950	2,31		
164			0,042 317	2,76	0,026 270	2,32		
165			0,042 835	2,78	0,026 591	2,33		
166			0,043 355	2,79	0,026 914	2,35		
167			0,043 879	2,81	0,027 240	2,36		
168			0,044 406	2,83	0,027 567	2,38		
169			0,044 937	2,85	0,027 896	2,39		
170			0,045 470	2,86	0,028 227	2,40		
171			0,046 006	2,88	0,028 560	2,42		
172			0,046 546	2,90	0,028 895	2,43		
173			0,047 089	2,91	0,029 232	2,45		
174			0,047 635	2,93	0,029 571	2,46		
175			0,048 184	2,95	0,029 912	2,48		

$Q = 7{,}5\text{—}10{,}0$ Durchmesser: 325 mm

Q	Durchmesser 275 mm		Durchmesser 300 mm		Q	Durchmesser 325 mm	
	J	v	J	v		J	v
175	0,048 184	2,95	0,029 912	2,48	7,5	0,000 035	0,09
176	0,048 736	2,96	0,030 255	2,49	7,6	0,000 036	0,09
177	0,049 292	2,98	0,030 600	2,50	7,7	0,000 037	0,09
178	0,049 850	3,00	0,030 946	2,52	7,8	0,000 038	0,09
179	0,050 412	3,01	0,031 295	2,53	7,9	0,000 039	0,10
180	0,050 977	3,03	0,031 646	2,55	**8,0**	0,000 040	0,10
181			0,031 998	2,56	8,1	0,000 041	0,10
182			0,032 353	2,57	8,2	0,000 042	0,10
183			0,032 709	2,59	8,3	0,000 043	0,10
184			0,033 068	2,60	8,4	0,000 044	0,10
185			0,033 428	2,62	8,5	0,000 046	0,10
186			0,033 790	2,63	8,6	0,000 047	0,10
187			0,034 155	2,65	8,7	0,000 048	0,10
188			0,034 521	2,66	8,8	0,000 049	0,11
189			0,034 889	2,67	8,9	0,000 050	0,11
190			0,035 259	2,69	**9,0**	0,000 051	0,11
191			0,035 632	2,70	9,1	0,000 052	0,11
192			0,036 006	2,72	9,2	0,000 053	0,11
193			0,036 382	2,73	9,3	0,000 054	0,11
194			0,036 759	2,74	9,4	0,000 056	0,11
195			0,037 140	2,76	9,5	0,000 057	0,11
196			0,037 522	2,77	9,6	0,000 058	0,12
197			0,037 905	2,78	9,7	0,000 059	0,12
198			0,038 291	2,80	9,8	0,000 061	0,12
199			0,038 679	2,82	9,9	0,000 062	0,12
200			0,039 069	2,83	**10,0**	0,000 063	0,12
202			0,039 854	2,86			
204			0,040 647	2,89			
206			0,041 448	2,91			
208			0,042 257	2,94			
210			0,043 073	2,97			
212			0,043 898	3,00			
214			0,044 730	3,03			
216			0,045 570	3,06			
218			0,046 418	3,08			
220			0,047 273	3,11			

$Q = 10{,}0\text{—}15{,}0$ Durchmesser: 325 mm—400 mm

Q	Durchmesser 325 mm J	v	Durchmesser 350 mm J	v	Durchmesser 375 mm J	v	Durchmesser 400 mm J	v
10,0	0,000 063	0,12	0,000 042	0,10	0,000 029	0,09		
10,1	0,000 064	0,12	0,000 043	0,10	0,000 029	0,09		
10,2	0,000 066	0,12	0,000 044	0,11	0,000 030	0,09		
10,3	0,000 067	0,12	0,000 045	0,11	0,000 031	0,09		
10,4	0,000 068	0,13	0,000 045	0,11	0,000 031	0,09		
10,5	0,000 069	0,13	0,000 046	0,11	0,000 032	0,10		
10,6	0,000 071	0,13	0,000 047	0,11	0,000 032	0,10		
10,7	0,000 072	0,13	0,000 048	0,11	0,000 033	0,10		
10,8	0,000 073	0,13	0,000 049	0,11	0,000 034	0,10		
10,9	0,000 075	0,13	0,000 050	0,11	0,000 034	0,10		
11,0	0,000 076	0,13	0,000 051	0,11	0,000 035	0,10		
11,1	0,000 078	0,13	0,000 052	0,12	0,000 036	0,10		
11,2	0,000 079	0,14	0,000 053	0,12	0,000 036	0,10		
11,3	0,000 080	0,14	0,000 054	0,12	0,000 037	0,10		
11,4	0,000 082	0,14	0,000 055	0,12	0,000 037	0,10		
11,5	0,000 083	0,14	0,000 056	0,12	0,000 038	0,10		
11,6	0,000 085	0,14	0,000 057	0,12	0,000 039	0,11		
11,7	0,000 086	0,14	0,000 058	0,12	0,000 039	0,11		
11,8	0,000 088	0,14	0,000 059	0,12	0,000 040	0,11		
11,9	0,000 089	0,14	0,000 060	0,12	0,000 041	0,11		
12,0	0,000 091	0,14	0,000 061	0,12	0,000 042	0,11		
12,1	0,000 092	0,15	0,000 062	0,13	0,000 042	0,11		
12,2	0,000 094	0,15	0,000 063	0,13	0,000 043	0,11		
12,3	0,000 095	0,15	0,000 064	0,13	0,000 044	0,11		
12,4	0,000 097	0,15	0,000 065	0,13	0,000 044	0,11		
12,5	0,000 098	0,15	0,000 066	0,13	0,000 045	0,11	0,000 032	0,10
12,6	0,000 100	0,15	0,000 067	0,13	0,000 046	0,11	0,000 032	0,10
12,7	0,000 102	0,15	0,000 068	0,13	0,000 047	0,12	0,000 033	0,10
12,8	0,000 103	0,15	0,000 069	0,13	0,000 047	0,12	0,000 033	0,10
12,9	0,000 105	0,16	0,000 070	0,13	0,000 048	0,12	0,000 034	0,10
13,0	0,000 106	0,16	0,000 071	0,14	0,000 049	0,12	0,000 034	0,10
13,1	0,000 108	0,16	0,000 072	0,14	0,000 050	0,12	0,000 035	0,10
13,2	0,000 110	0,16	0,000 073	0,14	0,000 050	0,12	0,000 035	0,11
13,3	0,000 111	0,16	0,000 074	0,14	0,000 051	0,12	0,000 036	0,11
13,4	0,000 113	0,16	0,000 075	0,14	0,000 052	0,12	0,000 036	0,11
13,5	0,000 115	0,16	0,000 077	0,14	0,000 053	0,12	0,000 037	0,11
13,6	0,000 117	0,16	0,000 078	0,14	0,000 053	0,12	0,000 038	0,11
13,7	0,000 118	0,17	0,000 079	0,14	0,000 054	0,12	0,000 038	0,11
13,8	0,000 120	0,17	0,000 080	0,14	0,000 055	0,13	0,000 039	0,11
13,9	0,000 122	0,17	0,000 081	0,14	0,000 056	0,13	0,000 039	0,11
14,0	0,000 124	0,17	0,000 082	0,15	0,000 057	0,13	0,000 040	0,11
14,1	0,000 125	0,17	0,000 084	0,15	0,000 057	0,13	0,000 040	0,11
14,2	0,000 127	0,17	0,000 085	0,15	0,000 058	0,13	0,000 041	0,11
14,3	0,000 129	0,17	0,000 086	0,15	0,000 059	0,13	0,000 042	0,11
14,4	0,000 131	0,17	0,000 087	0,15	0,000 060	0,13	0,000 042	0,11
14,5	0,000 132	0,17	0,000 088	0,15	0,000 061	0,13	0,000 043	0,12
14,6	0,000 134	0,18	0,000 090	0,15	0,000 062	0,13	0,000 043	0,12
14,7	0,000 136	0,18	0,000 091	0,15	0,000 062	0,13	0,000 044	0,12
14,8	0,000 138	0,18	0,000 092	0,15	0,000 063	0,13	0,000 044	0,12
14,9	0,000 140	0,18	0,000 093	0,15	0,000 064	0,13	0,000 045	0,12
15,0	0,000 142	0,18	0,000 095	0,16	0,000 065	0,14	0,000 046	0,12

$Q = 15{,}0-20{,}0$ Durchmesser: 325 mm—400 mm

Q	Durchmesser 325 mm		Durchmesser 350 mm		Durchmesser 375 mm		Durchmesser 400 mm	
	J	v	J	v	J	v	J	v
15,0	0,000 142	0,18	0,000 095	0,16	0,000 065	0,14	0,000 046	0,12
15,1	0,000 144	0,18	0,000 096	0,16	0,000 066	0,14	0,000 046	0,12
15,2	0,000 146	0,18	0,000 097	0,16	0,000 067	0,14	0,000 047	0,12
15,3	0,000 148	0,18	0,000 098	0,16	0,000 068	0,14	0,000 048	0,12
15,4	0,000 149	0,19	0,000 100	0,16	0,000 068	0,14	0,000 048	0,12
15,5	0,000 151	0,19	0,000 101	0,16	0,000 069	0,14	0,000 049	0,12
15,6	0,000 153	0,19	0,000 102	0,16	0,000 070	0,14	0,000 049	0,12
15,7	0,000 155	0,19	0,000 104	0,16	0,000 071	0,14	0,000 050	0,12
15,8	0,000 157	0,19	0,000 105	0,16	0,000 072	0,14	0,000 051	0,13
15,9	0,000 159	0,19	0,000 106	0,17	0,000 073	0,14	0,000 051	0,13
16,0	0,000 161	0,19	0,000 108	0,17	0,000 074	0,14	0,000 052	0,13
16,1	0,000 163	0,19	0,000 109	0,17	0,000 075	0,15	0,000 053	0,13
16,2	0,000 165	0,20	0,000 110	0,17	0,000 076	0,15	0,000 053	0,13
16,3	0,000 167	0,20	0,000 112	0,17	0,000 077	0,15	0,000 054	0,13
16,4	0,000 169	0,20	0,000 113	0,17	0,000 078	0,15	0,000 055	0,13
16,5	0,000 172	0,20	0,000 114	0,17	0,000 079	0,15	0,000 055	0,13
16,6	0,000 174	0,20	0,000 116	0,17	0,000 080	0,15	0,000 056	0,13
16,7	0,000 176	0,20	0,000 117	0,17	0,000 080	0,15	0,000 057	0,13
16,8	0,000 178	0,20	0,000 119	0,17	0,000 081	0,15	0,000 057	0,13
16,9	0,000 181	0,20	0,000 120	0,18	0,000 082	0,15	0,000 058	0,13
17,0	0,000 182	0,21	0,000 121	0,18	0,000 083	0,15	0,000 059	0,14
17,1	0,000 184	0,21	0,000 123	0,18	0,000 084	0,15	0,000 059	0,14
17,2	0,000 186	0,21	0,000 124	0,18	0,000 085	0,16	0,000 060	0,14
17,3	0,000 189	0,21	0,000 125	0,18	0,000 086	0,16	0,000 061	0,14
17,4	0,000 191	0,21	0,000 127	0,18	0,000 087	0,16	0,000 061	0,14
17,5	0,000 193	0,21	0,000 129	0,18	0,000 088	0,16	0,000 062	0,14
17,6	0,000 195	0,21	0,000 130	0,18	0,000 089	0,16	0,000 063	0,14
17,7	0,000 197	0,21	0,000 132	0,18	0,000 090	0,16	0,000 064	0,14
17,8	0,000 200	0,21	0,000 133	0,19	0,000 091	0,16	0,000 064	0,14
17,9	0,000 202	0,22	0,000 135	0,19	0,000 092	0,16	0,000 065	0,14
18,0	0,000 204	0,22	0,000 136	0,19	0,000 093	0,16	0,000 066	0,14
18,1	0,000 206	0,22	0,000 138	0,19	0,000 095	0,16	0,000 067	0,14
18,2	0,000 209	0,22	0,000 139	0,19	0,000 096	0,16	0,000 067	0,14
18,3	0,000 211	0,22	0,000 141	0,19	0,000 097	0,17	0,000 068	0,15
18,4	0,000 213	0,22	0,000 142	0,19	0,000 098	0,17	0,000 069	0,15
18,5	0,000 216	0,22	0,000 144	0,19	0,000 099	0,17	0,000 069	0,15
18,6	0,000 218	0,22	0,000 145	0,19	0,000 100	0,17	0,000 070	0,15
18,7	0,000 220	0,23	0,000 147	0,19	0,000 101	0,17	0,000 071	0,15
18,8	0,000 223	0,23	0,000 149	0,20	0,000 102	0,17	0,000 072	0,15
18,9	0,000 225	0,23	0,000 150	0,20	0,000 103	0,17	0,000 073	0,15
19,0	0,000 227	0,23	0,000 152	0,20	0,000 104	0,17	0,000 073	0,15
19,1	0,000 230	0,23	0,000 153	0,20	0,000 105	0,17	0,000 074	0,15
19,2	0,000 232	0,23	0,000 155	0,20	0,000 106	0,17	0,000 075	0,15
19,3	0,000 235	0,23	0,000 157	0,20	0,000 107	0,17	0,000 076	0,15
19,4	0,000 237	0,23	0,000 158	0,20	0,000 109	0,18	0,000 076	0,15
19,5	0,000 240	0,24	0,000 160	0,20	0,000 110	0,18	0,000 077	0,16
19,6	0,000 242	0,24	0,000 161	0,20	0,000 111	0,18	0,000 078	0,16
19,7	0,000 245	0,24	0,000 163	0,20	0,000 112	0,18	0,000 079	0,16
19,8	0,000 247	0,24	0,000 165	0,21	0,000 113	0,18	0,000 080	0,16
19,9	0,000 250	0,24	0,000 166	0,21	0,000 114	0,18	0,000 080	0,16
20,0	0,000 252	0,24	0,000 168	0,21	0,000 115	0,18	0,000 081	0,16

$Q = 20{,}0 - 25{,}0$ Durchmesser: 325 mm—400 mm

Q	Durchmesser 325 mm J	v	Durchmesser 350 mm J	v	Durchmesser 375 mm J	v	Durchmesser 400 mm J	v
20,0	0,000 252	0,24	0,000 168	0,21	0,000 115	0,18	0,000 081	0,16
20,1	0,000 255	0,24	0,000 170	0,21	0,000 117	0,18	0,000 082	0,16
20,2	0,000 257	0,24	0,000 172	0,21	0,000 118	0,18	0,000 083	0,16
20,3	0,000 260	0,24	0,000 173	0,21	0,000 119	0,18	0,000 084	0,16
20,4	0,000 262	0,25	0,000 175	0,21	0,000 120	0,18	0,000 084	0,16
20,5	0,000 265	0,25	0,000 177	0,21	0,000 121	0,19	0,000 085	0,16
20,6	0,000 267	0,25	0,000 178	0,21	0,000 122	0,19	0,000 086	0,16
20,7	0,000 270	0,25	0,000 180	0,21	0,000 124	0,19	0,000 087	0,16
20,8	0,000 273	0,25	0,000 182	0,22	0,000 125	0,19	0,000 088	0,17
20,9	0,000 275	0,25	0,000 184	0,22	0,000 126	0,19	0,000 089	0,17
21,0	0,000 278	0,25	0,000 185	0,22	0,000 127	0,19	0,000 090	0,17
21,1	0,000 281	0,25	0,000 187	0,22	0,000 128	0,19	0,000 090	0,17
21,2	0,000 283	0,26	0,000 189	0,22	0,000 130	0,19	0,000 091	0,17
21,3	0,000 286	0,26	0,000 191	0,22	0,000 131	0,19	0,000 092	0,17
21,4	0,000 289	0,26	0,000 193	0,22	0,000 132	0,19	0,000 093	0,17
21,5	0,000 291	0,26	0,000 194	0,22	0,000 133	0,19	0,000 094	0,17
21,6	0,000 294	0,26	0,000 196	0,22	0,000 135	0,20	0,000 095	0,17
21,7	0,000 297	0,26	0,000 198	0,22	0,000 136	0,20	0,000 096	0,17
21,8	0,000 299	0,26	0,000 200	0,23	0,000 137	0,20	0,000 096	0,17
21,9	0,000 302	0,26	0,000 202	0,23	0,000 138	0,20	0,000 097	0,17
22,0	0,000 305	0,27	0,000 203	0,23	0,000 140	0,20	0,000 098	0,18
22,1	0,000 308	0,27	0,000 205	0,23	0,000 141	0,20	0,000 099	0,18
22,2	0,000 311	0,27	0,000 207	0,23	0,000 142	0,20	0,000 100	0,18
22,3	0,000 313	0,27	0,000 209	0,23	0,000 143	0,20	0,000 101	0,18
22,4	0,000 316	0,27	0,000 211	0,23	0,000 145	0,20	0,000 102	0,18
22,5	0,000 319	0,27	0,000 213	0,23	0,000 146	0,20	0,000 103	0,18
22,6	0,000 322	0,27	0,000 215	0,23	0,000 147	0,20	0,000 104	0,18
22,7	0,000 325	0,27	0,000 217	0,24	0,000 149	0,21	0,000 105	0,18
22,8	0,000 328	0,27	0,000 219	0,24	0,000 150	0,21	0,000 106	0,18
22,9	0,000 330	0,28	0,000 220	0,24	0,000 151	0,21	0,000 106	0,18
23,0	0,000 333	0,28	0,000 222	0,24	0,000 153	0,21	0,000 107	0,18
23,1	0,000 336	0,28	0,000 224	0,24	0,000 154	0,21	0,000 108	0,18
23,2	0,000 339	0,28	0,000 226	0,24	0,000 155	0,21	0,000 109	0,18
23,3	0,000 342	0,28	0,000 228	0,24	0,000 157	0,21	0,000 110	0,19
23,4	0,000 345	0,28	0,000 230	0,24	0,000 158	0,21	0,000 111	0,19
23,5	0,000 348	0,28	0,000 232	0,24	0,000 159	0,21	0,000 112	0,19
23,6	0,000 351	0,28	0,000 234	0,25	0,000 161	0,21	0,000 113	0,19
23,7	0,000 354	0,29	0,000 236	0,25	0,000 162	0,21	0,000 114	0,19
23,8	0,000 357	0,29	0,000 238	0,25	0,000 163	0,22	0,000 115	0,19
23,9	0,000 360	0,29	0,000 240	0,25	0,000 165	0,22	0,000 116	0,19
24,0	0,000 363	0,29	0,000 242	0,25	0,000 166	0,22	0,000 117	0,19
24,1	0,000 366	0,29	0,000 244	0,25	0,000 168	0,22	0,000 118	0,19
24,2	0,000 369	0,29	0,000 246	0,25	0,000 169	0,22	0,000 119	0,19
24,3	0,000 372	0,29	0,000 248	0,25	0,000 170	0,22	0,000 120	0,19
24,4	0,000 375	0,29	0,000 250	0,25	0,000 172	0,22	0,000 121	0,19
24,5	0,000 378	0,30	0,000 252	0,25	0,000 173	0,22	0,000 122	0,19
24,6	0,000 381	0,30	0,000 254	0,26	0,000 175	0,22	0,000 123	0,20
24,7	0,000 384	0,30	0,000 256	0,26	0,000 176	0,22	0,000 124	0,20
24,8	0,000 388	0,30	0,000 259	0,26	0,000 177	0,22	0,000 125	0,20
24,9	0,000 391	0,30	0,000 261	0,26	0,000 179	0,23	0,000 126	0,20
25,0	0,000 394	0,30	0,000 263	0,26	0,000 180	0,23	0,000 127	0,20

Marung, Rohrleitungstabellen.

$Q = 25{,}0 - 35{,}0$ Durchmesser: 325 mm — 400 mm

Q	Durchmesser 325 mm		Durchmesser 350 mm		Durchmesser 375 mm		Durchmesser 400 mm	
	J	v	J	v	J	v	J	v
25,0	0,000 394	0,30	0,000 263	0,26	0,000 180	0,23	0,000 127	0,20
25,2	0,000 400	0,30	0,000 267	0,26	0,000 183	0,23	0,000 129	0,20
25,4	0,000 407	0,31	0,000 271	0,26	0,000 186	0,23	0,000 131	0,20
25,6	0,000 413	0,31	0,000 275	0,27	0,000 189	0,23	0,000 133	0,20
25,8	0,000 419	0,31	0,000 280	0,27	0,000 192	0,23	0,000 135	0,21
26,0	0,000 426	0,31	0,000 284	0,27	0,000 195	0,24	0,000 137	0,21
26,2	0,000 433	0,32	0,000 289	0,27	0,000 198	0,24	0,000 139	0,21
26,4	0,000 439	0,32	0,000 293	0,27	0,000 201	0,24	0,000 142	0,21
26,6	0,000 446	0,32	0,000 297	0,28	0,000 204	0,24	0,000 144	0,21
26,8	0,000 453	0,32	0,000 302	0,28	0,000 207	0,24	0,000 146	0,21
27,0	0,000 460	0,33	0,000 306	0,28	0,000 210	0,24	0,000 148	0,21
27,2	0,000 466	0,33	0,000 311	0,28	0,000 213	0,25	0,000 150	0,22
27,4	0,000 473	0,33	0,000 316	0,28	0,000 217	0,25	0,000 152	0,22
27,6	0,000 480	0,33	0,000 320	0,29	0,000 220	0,25	0,000 155	0,22
27,8	0,000 487	0,34	0,000 325	0,29	0,000 223	0,25	0,000 157	0,22
28,0	0,000 494	0,34	0,000 330	0,29	0,000 226	0,25	0,000 159	0,22
28,2	0,000 501	0,34	0,000 334	0,29	0,000 229	0,26	0,000 161	0,22
28,4	0,000 508	0,34	0,000 339	0,30	0,000 233	0,26	0,000 164	0,23
28,6	0,000 515	0,34	0,000 344	0,30	0,000 236	0,26	0,000 166	0,23
28,8	0,000 523	0,35	0,000 349	0,30	0,000 239	0,26	0,000 168	0,23
29,0	0,000 530	0,35	0,000 354	0,30	0,000 243	0,26	0,000 171	0,23
29,2	0,000 537	0,35	0,000 358	0,30	0,000 246	0,26	0,000 173	0,23
29,4	0,000 545	0,35	0,000 363	0,31	0,000 249	0,27	0,000 175	0,23
29,6	0,000 552	0,36	0,000 368	0,31	0,000 253	0,27	0,000 178	0,24
29,8	0,000 560	0,36	0,000 373	0,31	0,000 256	0,27	0,000 180	0,24
30,0	0,000 567	0,36	0,000 378	0,31	0,000 260	0,27	0,000 183	0,24
30,2	0,000 575	0,36	0,000 383	0,31	0,000 263	0,27	0,000 185	0,24
30,4	0,000 582	0,37	0,000 388	0,32	0,000 267	0,28	0,000 188	0,24
30,6	0,000 590	0,37	0,000 394	0,32	0,000 270	0,28	0,000 190	0,24
30,8	0,000 598	0,37	0,000 399	0,32	0,000 274	0,28	0,000 193	0,25
31,0	0,000 606	0,37	0,000 404	0,32	0,000 277	0,28	0,000 195	0,25
31,2	0,000 613	0,38	0,000 409	0,32	0,000 281	0,28	0,000 198	0,25
31,4	0,000 621	0,38	0,000 414	0,33	0,000 284	0,28	0,000 200	0,25
31,6	0,000 629	0,38	0,000 420	0,33	0,000 288	0,29	0,000 203	0,25
31,8	0,000 637	0,38	0,000 425	0,33	0,000 292	0,29	0,000 205	0,25
32,0	0,000 645	0,39	0,000 430	0,33	0,000 295	0,29	0,000 208	0,25
32,2	0,000 653	0,39	0,000 436	0,33	0,000 299	0,29	0,000 211	0,26
32,4	0,000 661	0,39	0,000 441	0,34	0,000 303	0,29	0,000 213	0,26
32,6	0,000 670	0,39	0,000 447	0,34	0,000 307	0,30	0,000 216	0,26
32,8	0,000 678	0,40	0,000 452	0,34	0,000 310	0,30	0,000 218	0,26
33,0	0,000 686	0,40	0,000 458	0,34	0,000 314	0,30	0,000 221	0,26
33,2	0,000 695	0,40	0,000 463	0,35	0,000 318	0,30	0,000 224	0,26
33,4	0,000 703	0,40	0,000 469	0,35	0,000 322	0,30	0,000 226	0,27
33,6	0,000 711	0,41	0,000 475	0,35	0,000 326	0,30	0,000 229	0,27
33,8	0,000 720	0,41	0,000 480	0,35	0,000 330	0,31	0,000 232	0,27
34,0	0,000 728	0,41	0,000 486	0,35	0,000 334	0,31	0,000 235	0,27
34,2	0,000 737	0,41	0,000 492	0,36	0,000 337	0,31	0,000 237	0,27
34,4	0,000 746	0,41	0,000 497	0,36	0,000 341	0,31	0,000 240	0,27
34,6	0,000 754	0,42	0,000 503	0,36	0,000 345	0,31	0,000 243	0,28
34,8	0,000 763	0,42	0,000 509	0,36	0,000 349	0,32	0,000 246	0,28
35,0	0,000 772	0,42	0,000 515	0,36	0,000 353	0,32	0,000 249	0,28

$Q = 35{,}0 - 45{,}0$ Durchmesser: 325 mm — 400 mm

Q	Durchmesser 325 mm		Durchmesser 350 mm		Durchmesser 375 mm		Durchmesser 400 mm	
	J	v	J	v	J	v	J	v
35,0	0,000 772	0,42	0,000 515	0,36	0,000 353	0,32	0,000 249	0,28
35,2	0,000 781	0,42	0,000 521	0,37	0,000 358	0,32	0,000 252	0,28
35,4	0,000 790	0,43	0,000 527	0,37	0,000 362	0,32	0,000 254	0,28
35,6	0,000 799	0,43	0,000 533	0,37	0,000 366	0,32	0,000 257	0,28
35,8	0,000 808	0,43	0,000 539	0,37	0,000 370	0,32	0,000 260	0,28
36,0	0,000 817	0,43	0,000 545	0,37	0,000 374	0,32	0,000 263	0,29
36,2	0,000 826	0,44	0,000 551	0,38	0,000 378	0,33	0,000 266	0,29
36,4	0,000 835	0,44	0,000 557	0,38	0,000 382	0,33	0,000 269	0,29
36,6	0,000 844	0,44	0,000 563	0,38	0,000 387	0,33	0,000 272	0,29
36,8	0,000 853	0,44	0,000 569	0,38	0,000 391	0,33	0,000 275	0,29
37,0	0,000 863	0,45	0,000 575	0,38	0,000 395	0,34	0,000 278	0,29
37,2	0,000 872	0,45	0,000 582	0,39	0,000 400	0,34	0,000 281	0,30
37,4	0,000 881	0,45	0,000 588	0,39	0,000 404	0,34	0,000 284	0,30
37,6	0,000 891	0,45	0,000 594	0,39	0,000 408	0,34	0,000 287	0,30
37,8	0,000 900	0,46	0,000 601	0,39	0,000 412	0,34	0,000 290	0,30
38,0	0,000 910	0,46	0,000 607	0,39	0,000 417	0,34	0,000 293	0,30
38,2	0,000 919	0,46	0,000 613	0,40	0,000 421	0,35	0,000 296	0,30
38,4	0,000 929	0,46	0,000 619	0,40	0,000 425	0,35	0,000 299	0,31
38,6	0,000 939	0,47	0,000 626	0,40	0,000 430	0,35	0,000 303	0,31
38,8	0,000 949	0,47	0,000 633	0,40	0,000 434	0,35	0,000 306	0,31
39,0	0,000 958	0,47	0,000 639	0,41	0,000 439	0,35	0,000 309	0,31
39,2	0,000 968	0,47	0,000 646	0,41	0,000 443	0,35	0,000 312	0,31
39,4	0,000 978	0,47	0,000 653	0,41	0,000 448	0,36	0,000 315	0,31
39,6	0,000 988	0,48	0,000 659	0,41	0,000 452	0,36	0,000 318	0,32
39,8	0,000 998	0,48	0,000 666	0,41	0,000 457	0,36	0,000 322	0,32
40,0	0,001 008	0,48	0,000 673	0,42	0,000 462	0,36	0,000 325	0,32
40,2	0,001 018	0,48	0,000 679	0,42	0,000 466	0,36	0,000 328	0,32
40,4	0,001 028	0,49	0,000 686	0,42	0,000 471	0,37	0,000 331	0,32
40,6	0,001 039	0,49	0,000 693	0,42	0,000 476	0,37	0,000 335	0,32
40,8	0,001 049	0,49	0,000 700	0,42	0,000 480	0,37	0,000 338	0,32
41,0	0,001 059	0,49	0,000 707	0,43	0,000 485	0,37	0,000 341	0,33
41,2	0,001 070	0,50	0,000 714	0,43	0,000 490	0,37	0,000 345	0,33
41,4	0,001 080	0,50	0,000 720	0,43	0,000 495	0,37	0,000 348	0,33
41,6	0,001 090	0,50	0,000 727	0,43	0,000 499	0,38	0,000 351	0,33
41,8	0,001 101	0,50	0,000 734	0,43	0,000 504	0,38	0,000 355	0,33
42,0	0,001 112	0,51	0,000 741	0,44	0,000 509	0,38	0,000 358	0,33
42,2	0,001 122	0,51	0,000 749	0,44	0,000 514	0,38	0,000 362	0,34
42,4	0,001 133	0,51	0,000 756	0,44	0,000 519	0,38	0,000 365	0,34
42,6	0,001 144	0,51	0,000 763	0,44	0,000 524	0,39	0,000 368	0,34
42,8	0,001 154	0,52	0,000 770	0,44	0,000 529	0,39	0,000 372	0,34
43,0	0,001 165	0,52	0,000 777	0,45	0,000 533	0,39	0,000 375	0,34
43,2	0,001 176	0,52	0,000 784	0,45	0,000 538	0,39	0,000 379	0,34
43,4	0,001 187	0,52	0,000 792	0,45	0,000 543	0,39	0,000 382	0,35
43,6	0,001 198	0,53	0,000 799	0,45	0,000 548	0,39	0,000 386	0,35
43,8	0,001 209	0,53	0,000 806	0,46	0,000 554	0,40	0,000 390	0,35
44,0	0,001 220	0,53	0,000 814	0,46	0,000 559	0,40	0,000 393	0,35
44,2	0,001 231	0,53	0,000 821	0,46	0,000 564	0,40	0,000 397	0,35
44,4	0,001 242	0,54	0,000 829	0,46	0,000 569	0,40	0,000 400	0,35
44,6	0,001 253	0,54	0,000 836	0,46	0,000 574	0,40	0,000 404	0,36
44,8	0,001 265	0,54	0,000 844	0,47	0,000 579	0,41	0,000 407	0,36
45,0	0,001 276	0,54	0,000 851	0,47	0,000 584	0,41	0,000 411	0,36

Q	Durchmesser 325 mm		Durchmesser 350 mm		Durchmesser 375 mm		Durchmesser 400 mm	
	J	v	J	v	J	v	J	v
45,0	0,001 276	0,54	0,000 851	0,47	0,000 584	0,41	0,000 411	0,36
45,2	0,001 287	0,54	0,000 859	0,47	0,000 589	0,41	0,000 415	0,36
45,4	0,001 299	0,55	0,000 866	0,47	0,000 595	0,41	0,000 418	0,36
45,6	0,001 310	0,55	0,000 874	0,47	0,000 600	0,41	0,000 422	0,36
45,8	0,001 322	0,55	0,000 882	0,48	0,000 605	0,41	0,000 426	0,36
46,0	0,001 333	0,55	0,000 889	0,48	0,000 611	0,42	0,000 430	0,37
46,2	0,001 345	0,56	0,000 897	0,48	0,000 616	0,42	0,000 433	0,37
46,4	0,001 357	0,56	0,000 905	0,48	0,000 621	0,42	0,000 437	0,37
46,6	0,001 368	0,56	0,000 913	0,48	0,000 627	0,42	0,000 441	0,37
46,8	0,001 380	0,56	0,000 921	0,49	0,000 632	0,42	0,000 445	0,37
47,0	0,001 392	0,57	0,000 929	0,49	0,000 637	0,43	0,000 448	0,37
47,2	0,001 404	0,57	0,000 936	0,49	0,000 643	0,43	0,000 452	0,38
47,4	0,001 416	0,57	0,000 944	0,49	0,000 648	0,43	0,000 456	0,38
47,6	0,001 428	0,57	0,000 952	0,49	0,000 654	0,43	0,000 460	0,38
47,8	0,001 440	0,58	0,000 960	0,50	0,000 659	0,43	0,000 464	0,38
48,0	0,001 452	0,58	0,000 968	0,50	0,000 665	0,43	0,000 468	0,38
48,2	0,001 464	0,58	0,000 977	0,50	0,000 670	0,44	0,000 472	0,38
48,4	0,001 476	0,58	0,000 985	0,50	0,000 676	0,44	0,000 476	0,39
48,6	0,001 488	0,59	0,000 993	0,51	0,000 681	0,44	0,000 480	0,39
48,8	0,001 501	0,59	0,001 001	0,51	0,000 687	0,44	0,000 484	0,39
49,0	0,001 513	0,59	0,001 009	0,51	0,000 693	0,44	0,000 487	0,39
49,2	0,001 525	0,59	0,001 018	0,51	0,000 698	0,45	0,000 491	0,39
49,4	0,001 538	0,60	0,001 026	0,51	0,000 704	0,45	0,000 495	0,39
49,6	0,001 550	0,60	0,001 034	0,52	0,000 710	0,45	0,000 499	0,39
49,8	0,001 563	0,60	0,001 042	0,52	0,000 716	0,45	0,000 504	0,40
50,0	0,001 575	0,60	0,001 051	0,52	0,000 721	0,45	0,000 508	0,40
50,5	0,001 607	0,61	0,001 072	0,52	0,000 736	0,46	0,000 518	0,40
51,0	0,001 639	0,61	0,001 093	0,53	0,000 750	0,46	0,000 528	0,41
51,5	0,001 671	0,62	0,001 115	0,54	0,000 765	0,47	0,000 538	0,41
52,0	0,001 704	0,63	0,001 137	0,54	0,000 780	0,47	0,000 549	0,41
52,5	0,001 737	0,63	0,001 159	0,55	0,000 795	0,48	0,000 560	0,42
53,0	0,001 770	0,64	0,001 181	0,55	0,000 810	0,48	0,000 570	0,42
53,5	0,001 804	0,64	0,001 203	0,56	0,000 826	0,48	0,000 581	0,43
54,0	0,001 837	0,65	0,001 226	0,56	0,000 841	0,49	0,000 592	0,43
54,5	0,001 872	0,66	0,001 249	0,57	0,000 857	0,49	0,000 603	0,43
55,0	0,001 906	0,66	0,001 272	0,57	0,000 873	0,50	0,000 614	0,44
55,5	0,001 941	0,67	0,001 295	0,58	0,000 889	0,50	0,000 625	0,44
56,0	0,001 976	0,68	0,001 318	0,58	0,000 905	0,51	0,000 637	0,45
56,5	0,002 011	0,68	0,001 342	0,59	0,000 922	0,51	0,000 648	0,45
57,0	0,002 047	0,69	0,001 366	0,59	0,000 937	0,52	0,000 660	0,45
57,5	0,002 083	0,69	0,001 390	0,60	0,000 954	0,52	0,000 671	0,46
58,0	0,002 120	0,70	0,001 414	0,60	0,000 971	0,53	0,000 683	0,46
58,5	0,002 156	0,71	0,001 439	0,61	0,000 987	0,53	0,000 695	0,47
59,0	0,002 193	0,71	0,001 463	0,61	0,001 004	0,53	0,000 707	0,47
59,5	0,002 231	0,72	0,001 488	0,62	0,001 021	0,54	0,000 719	0,47
60,0	0,002 268	0,72	0,001 513	0,62	0,001 039	0,54	0,000 731	0,48
60,5	0,002 306	0,73	0,001 539	0,63	0,001 056	0,55	0,000 743	0,48
61,0	0,002 345	0,74	0,001 564	0,63	0,001 074	0,55	0,000 755	0,49
61,5	0,002 383	0,74	0,001 590	0,64	0,001 091	0,56	0,000 768	0,49
62,0	0,002 422	0,75	0,001 616	0,64	0,001 109	0,56	0,000 780	0,49
62,5	0,002 461	0,75	0,001 641	0,65	0,001 127	0,57	0,000 793	0,50

$Q = 62{,}5\text{—}87{,}5$ Durchmesser: 325 mm—400 mm

Q	Durchmesser 325 mm J	v	Durchmesser 350 mm J	v	Durchmesser 375 mm J	v	Durchmesser 400 mm J	v
62,5	0,002 461	0,75	0,001 642	0,65	0,001 127	0,57	0,000 793	0,50
63,0	0,002 501	0,76	0,001 668	0,65	0,001 145	0,57	0,000 806	0,50
63,5	0,002 541	0,77	0,001 695	0,66	0,001 163	0,57	0,000 819	0,51
64,0	0,002 581	0,77	0,001 722	0,67	0,001 182	0,58	0,000 832	0,51
64,5	0,002 621	0,78	0,001 749	0,67	0,001 200	0,58	0,000 845	0,51
65,0	0,002 662	0,78	0,001 776	0,68	0,001 219	0,59	0,000 858	0,52
65,5	0,002 703	0,79	0,001 803	0,68	0,001 238	0,59	0,000 871	0,52
66,0	0,002 745	0,80	0,001 831	0,69	0,001 257	0,60	0,000 884	0,53
66,5	0,002 787	0,80	0,001 859	0,69	0,001 276	0,60	0,000 898	0,53
67,0	0,002 829	0,81	0,001 887	0,70	0,001 295	0,61	0,000 911	0,53
67,5	0,002 871	0,81	0,001 915	0,70	0,001 315	0,61	0,000 925	0,54
68,0	0,002 914	0,82	0,001 944	0,71	0,001 334	0,62	0,000 939	0,54
68,5	0,002 957	0,83	0,001 972	0,71	0,001 354	0,62	0,000 953	0,55
69,0	0,003 000	0,83	0,002 001	0,72	0,001 374	0,62	0,000 967	0,55
69,5	0,003 044	0,84	0,002 030	0,72	0,001 394	0,63	0,000 981	0,55
70,0	0,003 088	0,84	0,002 060	0,73	0,001 414	0,63	0,000 995	0,56
70,5	0,003 132	0,85	0,002 089	0,73	0,001 434	0,64	0,001 009	0,56
71,0	0,003 176	0,86	0,002 119	0,74	0,001 454	0,64	0,001 023	0,57
71,5	0,003 221	0,86	0,002 149	0,74	0,001 475	0,65	0,001 038	0,57
72,0	0,003 267	0,87	0,002 179	0,75	0,001 496	0,65	0,001 053	0,57
72,5	0,003 312	0,87	0,002 209	0,75	0,001 517	0,66	0,001 067	0,58
73,0	0,003 358	0,88	0,002 240	0,76	0,001 538	0,66	0,001 082	0,58
73,5	0,003 404	0,89	0,002 271	0,76	0,001 559	0,67	0,001 097	0,58
74,0	0,003 451	0,89	0,002 302	0,77	0,001 580	0,67	0,001 112	0,59
74,5	0,003 497	0,90	0,002 333	0,77	0,001 601	0,67	0,001 127	0,59
75,0	0,003 544	0,90	0,002 364	0,78	0,001 623	0,68	0,001 142	0,60
75,5	0,003 592	0,91	0,002 396	0,78	0,001 645	0,68	0,001 157	0,60
76,0	0,003 640	0,92	0,002 428	0,79	0,001 667	0,69	0,001 173	0,60
76,5	0,003 688	0,92	0,002 460	0,80	0,001 689	0,69	0,001 188	0,61
77,0	0,003 736	0,93	0,002 492	0,80	0,001 711	0,70	0,001 204	0,61
77,5	0,003 785	0,93	0,002 525	0,81	0,001 733	0,70	0,001 219	0,62
78,0	0,003 834	0,94	0,002 557	0,81	0,001 755	0,71	0,001 235	0,62
78,5	0,003 883	0,95	0,002 590	0,82	0,001 778	0,71	0,001 251	0,62
79,0	0,003 933	0,95	0,002 623	0,82	0,001 801	0,72	0,001 267	0,63
79,5	0,003 982	0,96	0,002 657	0,83	0,001 824	0,72	0,001 283	0,63
80,0	0,004 033	0,96	0,002 690	0,83	0,001 847	0,72	0,001 299	0,64
80,5	0,004 083	0,97	0,002 724	0,84	0,001 870	0,73	0,001 316	0,64
81,0	0,004 134	0,98	0,002 758	0,84	0,001 893	0,73	0,001 332	0,64
81,5	0,004 185	0,98	0,002 792	0,85	0,001 916	0,74	0,001 349	0,65
82,0	0,004 237	0,99	0,002 826	0,85	0,001 940	0,74	0,001 365	0,65
82,5	0,004 289	0,99	0,002 861	0,86	0,001 964	0,75	0,001 382	0,66
83,0	0,004 341	1,00	0,002 896	0,86	0,001 988	0,75	0,001 399	0,66
83,5	0,004 393	1,01	0,002 931	0,87	0,002 012	0,76	0,001 416	0,66
84,0	0,004 446	1,01	0,002 966	0,87	0,002 036	0,76	0,001 433	0,67
84,5	0,004 499	1,02	0,003 001	0,88	0,002 060	0,77	0,001 450	0,67
85,0	0,004 553	1,02	0,003 037	0,88	0,002 085	0,77	0,001 467	0,68
85,5	0,004 606	1,03	0,003 073	0,89	0,002 109	0,77	0,001 484	0,68
86,0	0,004 660	1,04	0,003 109	0,89	0,002 134	0,78	0,001 502	0,68
86,5	0,004 715	1,04	0,003 145	0,90	0,002 159	0,78	0,001 519	0,69
87,0	0,004 769	1,05	0,003 182	0,90	0,002 184	0,79	0,001 537	0,69
87,5	0,004 824	1,05	0,003 218	0,91	0,002 209	0,79	0,001 554	0,70

Q	Durchmesser 325 mm		Durchmesser 350 mm		Durchmesser 375 mm		Durchmesser 400 mm	
	J	v	J	v	J	v	J	v
87,5	0,004 824	1,05	0,003 218	0,91	0,002 209	0,79	0,001 554	0,70
88,0	0,004 880	1,06	0,003 255	0,91	0,002 234	0,80	0,001 572	0,70
88,5	0,004 935	1,07	0,003 292	0,92	0,002 260	0,80	0,001 590	0,70
89,0	0,004 991	1,07	0,003 330	0,93	0,002 285	0,81	0,001 608	0,71
89,5	0,005 047	1,08	0,003 367	0,93	0,002 311	0,81	0,001 626	0,71
90,0	0,005 104	1,08	0,003 405	0,94	0,002 337	0,81	0,001 645	0,72
99,5	0,005 161	1,09	0,003 443	0,94	0,002 363	0,82	0,001 663	0,72
91,0	0,005 218	1,10	0,003 481	0,95	0,002 389	0,82	0,001 681	0,72
91,5	0,005 275	1,10	0,003 519	0,95	0,002 416	0,83	0,001 700	0,73
92,0	0,005 333	1,11	0,003 558	0,96	0,002 442	0,83	0,001 718	0,73
92,5	0,005 391	1,12	0,003 597	0,96	0,002 469	0,84	0,001 737	0,74
93,0	0,005 450	1,12	0,003 636	0,97	0,002 496	0,84	0,001 756	0,74
93,5	0,005 509	1,13	0,003 675	0,97	0,002 522	0,85	0,001 775	0,74
94,0	0,005 568	1,13	0,003 714	0,98	0,002 549	0,85	0,001 794	0,75
94,5	0,005 627	1,14	0,003 754	0,98	0,002 577	0,86	0,001 813	0,75
95,0	0,005 687	1,15	0,003 794	0,99	0,002 604	0,86	0,001 832	0,76
95,5	0,005 747	1,15	0,003 834	0,99	0,002 631	0,86	0,001 852	0,76
96,0	0,005 807	1,16	0,003 874	1,00	0,002 659	0,87	0,001 871	0,76
96,5	0,005 868	1,16	0,003 914	1,00	0,002 687	0,87	0,001 891	0,77
97,0	0,005 929	1,17	0,003 955	1,01	0,002 715	0,88	0,001 910	0,77
97,5	0,005 990	1,18	0,003 996	1,01	0,002 743	0,88	0,001 930	0,78
98,0	0,006 052	1,18	0,004 037	1,02	0,002 771	0,89	0,001 950	0,78
98,5	0,006 114	1,19	0,004 078	1,02	0,002 799	0,89	0,001 970	0,78
99,0	0,006 176	1,19	0,004 120	1,03	0,002 828	0,90	0,001 990	0,79
99,5	0,006 238	1,20	0,004 162	1,03	0,002 857	0,90	0,002 010	0,79
100	0,006 301	1,21	0,004 203	1,04	0,002 885	0,91	0,002 030	0,80
101	0,006 428	1,22	0,004 288	1,05	0,002 943	0,91	0,002 071	0,80
102	0,006 556	1,23	0,004 373	1,06	0,003 002	0,92	0,002 112	0,81
103	0,006 685	1,24	0,004 459	1,07	0,003 061	0,93	0,002 154	0,82
104	0,006 815	1,25	0,004 546	1,08	0,003 121	0,94	0,002 196	0,83
105	0,006 947	1,27	0,004 634	1,09	0,003 181	0,95	0,002 238	0,84
106	0,007 080	1,28	0,004 723	1,10	0,003 242	0,96	0,002 281	0,84
107	0,007 214	1,29	0,004 813	1,11	0,003 303	0,97	0,002 325	0,85
108	0,007 350	1,30	0,004 903	1,12	0,003 365	0,98	0,002 368	0,86
109	0,007 486	1,31	0,004 994	1,13	0,003 428	0,99	0,002 412	0,87
110	0,007 624	1,33	0,005 086	1,14	0,003 491	1,00	0,002 457	0,88
111	0,007 764	1,34	0,005 179	1,15	0,003 555	1,01	0,002 502	0,88
112	0,007 904	1,35	0,005 273	1,16	0,003 619	1,01	0,002 547	0,89
113	0,008 046	1,36	0,005 367	1,17	0,003 684	1,02	0,002 593	0,90
114	0,008 189	1,37	0,005 463	1,19	0,003 750	1,03	0,002 639	0,91
115	0,008 333	1,39	0,005 559	1,20	0,003 816	1,04	0,002 685	0,92
116	0,008 479	1,40	0,005 656	1,21	0,003 882	1,05	0,002 732	0,92
117	0,008 626	1,41	0,005 754	1,22	0,003 950	1,06	0,002 779	0,93
118	0,008 774	1,42	0,005 853	1,23	0,004 018	1,07	0,002 827	0,94
119	0,008 923	1,43	0,005 953	1,24	0,004 086	1,08	0,002 875	0,95
120	0,009 074	1,45	0,006 053	1,25	0,004 155	1,09	0,002 924	0,95
121	0,009 225	1,46	0,006 154	1,26	0,004 224	1,10	0,002 973	0,96
122	0,009 379	1,47	0,006 256	1,27	0,004 295	1,10	0,003 022	0,97
123	0,009 533	1,48	0,006 359	1,28	0,004 365	1,11	0,003 072	0,98
124	0,009 689	1,49	0,006 463	1,29	0,004 436	1,12	0,003 122	0,99
125	0,009 846	1,51	0,006 568	1,30	0,004 508	1,13	0,003 172	0,99

$Q = 125$—175 Durchmesser: 325 mm—400 mm

Q	Durchmesser 325 mm		Durchmesser 350 mm		Durchmesser 375 mm		Durchmesser 400 mm	
	J	v	J	v	J	v	J	v
125	0,009 846	1,51	0,006 568	1,30	0,004 508	1,13	0,003 172	0,99
126	0,010 004	1,52	0,006 673	1,31	0,004 581	1,14	0,003 223	1,00
127	0,010 163	1,53	0,006 780	1,32	0,004 654	1,15	0,003 275	1,01
128	0,010 324	1,54	0,006 887	1,33	0,004 727	1,16	0,003 326	1,02
129	0,010 486	1,56	0,006 995	1,34	0,004 801	1,17	0,003 379	1,03
130	0,010 649	1,57	0,007 104	1,35	0,004 876	1,18	0,003 431	1,03
131	0,010 813	1,58	0,007 214	1,36	0,004 951	1,19	0,003 484	1,04
132	0,010 979	1,59	0,007 524	1,37	0,005 027	1,20	0,003 538	1,05
133	0,011 146	1,60	0,007 435	1,38	0,005 104	1,20	0,003 591	1,06
134	0,011 314	1,62	0,007 548	1,39	0,005 181	1,21	0,003 646	1,07
135	0,011 484	1,63	0,007 661	1,40	0,005 258	1,22	0,003 700	1,07
136	0,011 655	1,64	0,007 775	1,41	0,005 337	1,23	0,003 755	1,08
137	0,011 827	1,65	0,007 889	1,42	0,005 415	1,24	0,003 811	1,09
138	0,012 000	1,66	0,008 005	1,43	0,005 495	1,25	0,003 867	1,10
139	0,012 174	1,68	0,008 121	1,44	0,005 575	1,26	0,003 923	1,11
140	0,012 350	1,69	0,008 239	1,46	0,005 655	1,27	0,003 979	1,11
141	0,012 527	1,70	0,008 357	1,47	0,005 736	1,28	0,004 036	1,12
142	0,012 706	1,71	0,008 456	1,48	0,005 818	1,29	0,004 094	1,13
143	0,012 885	1,72	0,008 596	1,49	0,005 900	1,29	0,004 152	1,14
144	0,013 066	1,74	0,008 716	1,50	0,005 983	1,30	0,004 210	1,15
145	0,013 248	1,75	0,008 838	1,51	0,006 066	1,31	0,004 269	1,15
146	0,013 431	1,76	0,008 760	1,52	0,006 150	1,32	0,004 328	1,16
147	0,013 616	1,77	0,009 083	1,53	0,006 235	1,33	0,004 387	1,17
148	0,013 802	1,78	0,009 207	1,54	0,006 320	1,34	0,004 447	1,18
149	0,013 989	1,80	0,009 332	1,55	0,006 406	1,35	0,004 507	1,19
150	0,014 178	1,81	0,009 458	1,56	0,006 492	1,36	0,004 568	1,19
151	0,014 367	1,82	0,009 584	1,57	0,006 579	1,37	0,004 629	1,20
152	0,014 558	1,83	0,009 712	1,58	0,006 666	1,38	0,004 691	1,21
153	0,014 750	1,84	0,009 840	1,59	0,006 754	1,39	0,004 753	1,22
154	0,014 944	1,86	0,009 969	1,60	0,006 843	1,39	0,004 815	1,23
155	0,015 138	1,87	0,010 099	1,61	0,006 932	1,40	0,004 878	1,23
156	0,015 334	1,88	0,010 229	1,62	0,007 022	1,41	0,004 941	1,24
157	0,015 532	1,89	0,010 361	1,63	0,007 112	1,42	0,005 005	1,25
158	0,015 730	1,90	0,010 493	1,64	0,007 203	1,43	0,005 068	1,26
159	0,015 930	1,92	0,010 627	1,65	0,007 294	1,44	0,005 133	1,27
160	0,016 131	1,93	0,010 761	1,66	0,007 386	1,45	0,005 198	1,27
161	0,016 333	1,94	0,010 896	1,67	0,007 479	1,46	0,005 263	1,28
162	0,016 537	1,95	0,011 031	1,68	0,007 572	1,47	0,005 328	1,29
163	0,016 741	1,96	0,011 168	1,69	0,007 666	1,48	0,005 394	1,30
164	0,016 947	1,98	0,011 306	1,70	0,007 760	1,48	0,005 461	1,31
165	0,017 155	1,99	0,011 444	1,72	0,007 855	1,49	0,005 528	1,31
166	0,017 363	2,00	0,011 583	1,73	0,007 951	1,50	0,005 595	1,32
167	0,017 573	2,01	0,011 723	1,74	0,008 047	1,51	0,005 662	1,33
168	0,017 784	2,03	0,011 864	1,75	0,008 143	1,52	0,005 730	1,34
169	0,017 997	2,04	0,012 005	1,76	0,008 241	1,53	0,005 799	1,35
170	0,018 210	2,05	0,012 148	1,76	0,008 339	1,54	0,005 868	1,35
171	0,018 425	2,06	0,012 291	1,78	0,008 437	1,55	0,005 937	1,36
172	0,018 641	2,07	0,012 435	1,79	0,008 536	1,56	0,006 006	1,37
173	0,018 859	2,09	0,012 580	1,80	0,008 635	1,57	0,006 077	1,38
174	0,019 077	2,10	0,012 726	1,81	0,008 736	1,58	0,006 147	1,38
175	0,019 297	2,11	0,012 873	1,82	0,008 836	1,58	0,006 218	1,39

$Q = 175-250$ Durchmesser: 325 mm—400 mm

Q	Durchmesser 325 mm J	v	Durchmesser 350 mm J	v	Durchmesser 375 mm J	v	Durchmesser 400 mm J	v
175	0,019 297	2,11	0,012 873	1,82	0,008 836	1,58	0,006 218	1,39
176	0,019 518	2,12	0,013 021	1,83	0,008 938	1,59	0,006 288	1,40
177	0,019 741	2,13	0,013 169	1,84	0,009 039	1,60	0,006 361	1,41
178	0,019 965	2,15	0,013 318	1,85	0,009 142	1,61	0,006 433	1,42
179	0,020 189	2,16	0,013 468	1,86	0,009 245	1,62	0,006 505	1,42
180	0,020 416	2,17	0,013 619	1,87	0,009 348	1,63	0,006 578	1,43
181	0,020 643	2,18	0,013 771	1,88	0,009 453	1,64	0,006 652	1,44
182	0,020 872	2,19	0,013 924	1,89	0,009 557	1,65	0,006 725	1,45
183	0,021 102	2,21	0,014 077	1,90	0,009 663	1,66	0,006 799	1,46
184	0,021 533	2,22	0,014 231	1,91	0,009 769	1,67	0,006 874	1,46
185	0,021 566	2,23	0,014 386	1,92	0,009 875	1,68	0,006 949	1,47
186	0,021 799	2,24	0,014 542	1,93	0,009 982	1,68	0,007 024	1,48
187	0,022 034	2,25	0,014 699	1,94	0,010 090	1,69	0,007 100	1,49
188	0,022 271	2,27	0,014 857	1,95	0,010 198	1,70	0,007 176	1,50
189	0,022 508	2,28	0,015 015	1,96	0,010 307	1,71	0,007 252	1,50
190	0,022 747	2,29	0,015 174	1,97	0,010 416	1,72	0,007 329	1,51
191	0,022 987	2,30	0,015 335	1,99	0,010 526	1,73	0,007 407	1,52
192	0,023 229	2,31	0,015 496	2,00	0,010 636	1,74	0,007 485	1,53
193	0,023 471	2,33	0,015 657	2,01	0,010 748	1,75	0,007 563	1,54
194	0,023 715	2,34	0,015 820	2,02	0,010 859	1,76	0,007 641	1,54
195	0,023 960	2,35	0,015 984	2,03	0,010 971	1,77	0,007 720	1,55
196	0,024 206	2,36	0,016 148	2,04	0,011 084	1,77	0,007 800	1,56
197	0,024 454	2,37	0,016 313	2,05	0,011 198	1,78	0,007 879	1,57
198	0,024 703	2,39	0,016 479	2,06	0,011 312	1,79	0,007 960	1,58
199	0,024 953	2,40	0,016 646	2,07	0,011 426	1,80	0,008 040	1,58
200	0,025 205	2,41	0,016 814	2,08	0,011 541	1,81	0,008 121	1,59
202	0,025 711	2,44	0,017 152	2,10	0,011 773	1,83	0,008 284	1,61
204	0,026 223	2,46	0,017 493	2,12	0,012 008	1,85	0,008 449	1,62
206	0,026 739	2,48	0,017 838	2,14	0,012 244	1,87	0,008 616	1,64
208	0,027 261	2,51	0,018 186	2,16	0,012 483	1,88	0,008 784	1,66
210	0,027 788	2,53	0,018 537	2,18	0,012 724	1,90	0,008 954	1,67
212	0,028 320	2,56	0,018 892	2,20	0,012 968	1,92	0,009 125	1,69
214	0,028 857	2,58	0,019 250	2,22	0,013 214	1,94	0,009 298	1,70
216	0,029 399	2,60	0,019 612	2,25	0,013 462	1,96	0,009 473	1,72
218	0,029 946	2,63	0,019 976	2,27	0,013 712	1,97	0,009 649	1,73
220	0,030 497	2,65	0,020 345	2,29	0,013 965	1,99	0,009 827	1,75
222	0,031 055	2,68	0,020 716	2,31	0,014 220	2,01	0,010 006	1,77
224	0,031 617	2,70	0,021 091	2,33	0,014 477	2,03	0,010 187	1,78
226	0,032 184	2,72	0,021 470	2,35	0,014 737	2,05	0,010 370	1,80
228	0,032 756	2,75	0,021 851	2,37	0,014 999	2,06	0,010 554	1,81
230	0,033 333	2,77	0,022 236	2,39	0,015 263	2,08	0,010 740	1,83
232	0,033 915	2,80	0,022 625	2,41	0,015 530	2,10	0,010 928	1,85
234	0,034 502	2,82	0,023 016	2,43	0,015 799	2,12	0,011 117	1,86
236	0,035 095	2,84	0,023 412	2,45	0,016 070	2,14	0,011 308	1,88
238	0,035 692	2,87	0,023 810	2,47	0,016 344	2,15	0,011 501	1,89
240	0,036 295	2,89	0,024 212	2,49	0,016 619	2,17	0,011 695	1,91
242	0,036 902	2,92	0,024 617	2,52	0,016 898	2,19	0,011 890	1,93
244	0,037 514	2,94	0,025 026	2,54	0,017 178	2,21	0,012 088	1,94
246	0,038 132	2,97	0,025 438	2,56	0,017 461	2,23	0,012 287	1,96
248	0,038 754	2,99	0,025 853	2,58	0,017 746	2,25	0,012 487	1,97
250	0,039 382	3,01	0,026 272	2,60	0,018 033	2,26	0,012 689	1,99

$Q = 250\text{—}350$ Durchmesser: $350\,\text{mm}\text{—}400\,\text{mm}$

Q	Durchmesser 350 mm		Durchmesser 375 mm		Durchmesser 400 mm			
	J	v	J	v	J	v		
250	0,026 272	2,60	0,018 033	2,26	0,012 689	1,99		
252	0,026 694	2,62	0,018 323	2,28	0,012 893	2,01		
254	0,027 119	2,64	0,018 615	2,30	0,013 099	2,02		
256	0,027 548	2,66	0,018 909	2,32	0,013 306	2,04		
258	0,027 980	2,68	0,019 206	2,34	0,013 515	2,05		
260	0,028 415	2,70	0,019 505	2,35	0,013 725	2,07		
262	0,028 854	2,72	0,019 806	2,37	0,013 937	2,08		
264	0,029 296	2,74	0,020 109	2,39	0,014 150	2,10		
266	0,029 742	2,76	0,020 415	2,41	0,014 366	2,12		
268	0,030 191	2,79	0,020 723	2,43	0,014 582	2,13		
270	0,030 643	2,81	0,021 034	2,44	0,014 801	2,15		
272	0,031 099	2,83	0,021 347	2,46	0,015 021	2,16		
274	0,031 558	2,85	0,021 662	2,48	0,015 243	2,18		
276	0,032 020	2,87	0,021 979	2,50	0,015 466	2,20		
278	0,032 486	2,89	0,022 299	2,52	0,015 891	2,21		
280	0,032 955	2,91	0,022 621	2,54	0,015 918	2,23		
282	0,033 427	2,93	0,022 945	2,55	0,016 156	2,24		
284	0,033 903	2,95	0,023 272	2,57	0,016 376	2,26		
286	0,034 382	2,97	0,023 601	2,59	0,016 607	2,28		
288	0,034 865	2,99	0,023 932	2,61	0,016 840	2,29		
290	0,035 351	3,01	0,024 265	2,63	0,017 075	2,31		
292	0,035 840	3,03	0,024 601	2,64	0,017 311	2,32		
294	0,036 333	3,06	0,024 939	2,66	0,017 549	2,34		
296	0,036 829	3,08	0,025 280	2,68	0,017 789	2,36		
298	0,037 328	3,10	0,025 623	2,70	0,018 030	2,37		
300	0,037 831	3,12	0,025 968	2,72	0,018 273	2,39		
302			0,026 315	2,73	0,018 317	2,40		
304			0,026 665	2,75	0,018 563	2,42		
306			0,027 017	2,77	0,018 811	2,44		
308			0,027 371	2,79	0,019 060	2,45		
310			0,027 728	2,81	0,019 311	2,47		
312			0,028 087	2,82	0,019 564	2,48		
314			0,028 448	2,84	0,019 818	2,50		
316			0,028 812	2,86	0,020 074	2,51		
318			0,029 177	2,88	0,020 331	2,53		
320			0,029 546	2,90	0,020 590	2,55		
322			0,029 916	2,92	0,020 851	2,56		
324			0,030 289	2,93	0,021 113	2,58		
326			0,030 664	2,95	0,021 377	2,59		
328			0,031 041	2,97	0,021 643	2,61		
330			0,031 421	2,99	0,021 910	2,63		
332			0,031 803	3,01	0,022 179	2,64		
334			0,032 187	3,02	0,022 649	2,66		
336			0,032 574	3,04	0,022 921	2,67		
338			0,032 963	3,06	0,023 195	2,69		
340			0,033 354	3,08	0,023 470	2,71		
342			0,033 748	3,10	0,023 747	2,72		
344			0,034 144	3,11	0,024 026	2,74		
346			0,034 542	3,13	0,024 306	2,75		
348			0,034 942	3,15	0,024 588	2,77		
350			0,035 345	3,17	0,024 871	2,79		

$Q = 12{,}5\text{—}17{,}5$ Durchmesser: 425 mm—450 mm

	Durchmesser 400 mm			Durchmesser 425 mm			Durchmesser 450 mm	
Q	J	v	Q	J	v		J	v
350	0,024 871	2,79	12,5	0,000 023	0,09			
352	0,025 156	2,80	12,6	0,000 023	0,09			
354	0,025 443	2,82	12,7	0,000 024	0,09			
356	0,025 731	2,83	12,8	0,000 024	0,09			
358	0,026 021	2,85	12,9	0,000 024	0,09			
360	0,026 313	2,86	13,0	0,000 025	0,09			
362	0,026 606	2,88	13,1	0,000 025	0,09			
364	0,026 901	2,90	13,2	0,000 025	0,09			
366	0,027 197	2,91	13,3	0,000 026	0,09			
368	0,027 495	2,93	13,4	0,000 026	0,09			
370	0,027 795	2,94	13,5	0,000 027	0,10			
372	0,028 096	2,96	13,6	0,000 027	0,10			
374	0,028 399	2,98	13,7	0,000 027	0,10			
376	0,028 704	2,99	13,8	0,000 028	0,10			
378	0,029 010	3,01	13,9	0,000 028	0,10			
380	0,029 318	3,02	14,0	0,000 029	0,10			
382	0,029 627	3,04	14,1	0,000 029	0,10			
384	0,029 938	3,06	14,2	0,000 029	0,10			
386	0,030 251	3,07	14,3	0,000 030	0,10			
388	0,030 565	3,09	14,4	0,000 030	0,10			
390	0,030 881	3,10	14,5	0,000 031	0,10			
392	0,031 199	3,12	14,6	0,000 031	0,10			
394	0,031 518	3,14	14,7	0,000 032	0,10			
396	0,031 839	3,15	14,8	0,000 032	0,10			
398	0,032 161	3,17	14,9	0,000 032	0,11			
400	0,032 485	3,18	15,0	0,000 033	0,11		0,000 024	0,09
			15,1	0,000 033	0,11		0,000 024	0,09
			15,2	0,000 034	0,11		0,000 025	0,10
			15,3	0,000 034	0,11		0,000 025	0,10
			15,4	0,000 035	0,11		0,000 025	0,10
			15,5	0,000 035	0,11		0,000 026	0,10
			15,6	0,000 036	0,11		0,000 026	0,10
			15,7	0,000 036	0,11		0,000 026	0,10
			15,8	0,000 036	0,11		0,000 027	0,10
			15,9	0,000 037	0,11		0,000 027	0,10
			16,0	0,000 037	0,11		0,000 027	0,10
			16,1	0,000 038	0,11		0,000 028	0,10
			16,2	0,000 038	0,11		0,000 028	0,10
			16,3	0,000 039	0,11		0,000 028	0,10
			16,4	0,000 039	0,12		0,000 029	0,10
			16,5	0,000 040	0,12		0,000 029	0,10
			16,6	0,000 040	0,12		0,000 029	0,10
			16,7	0,000 041	0,12		0,000 030	0,11
			16,8	0,000 041	0,12		0,000 031	0,11
			16,9	0,000 042	0,12		0,000 031	0,11
			17,0	0,000 042	0,12		0,000 031	0,11
			17,1	0,000 043	0,12		0,000 031	0,11
			17,2	0,000 043	0,12		0,000 032	0,11
			17,3	0,000 044	0,12		0,000 032	0,11
			17,4	0,000 044	0,12		0,000 032	0,11
			17,5	0,000 045	0,12		0,000 033	0,11

$Q = 17{,}5 - 22{,}5$ Durchmesser: 425 mm—500 mm

Q	Durchmesser 425 mm		Durchmesser 450 mm		Durchmesser 475 mm		Durchmesser 500 mm	
	J	v	J	v	J	v	J	v
17,5	0,000 045	0,12	0,000 033	0,11	0,000 024	0,10		
17,6	0,000 045	0,12	0,000 033	0,11	0,000 025	0,10		
17,7	0,000 046	0,12	0,000 034	0,11	0,000 025	0,10		
17,8	0,000 046	0,13	0,000 034	0,11	0,000 025	0,10		
17,9	0,000 047	0,13	0,000 034	0,11	0,000 026	0,10		
18,0	0,000 047	0,13	0,000 035	0,11	0,000 026	0,10		
18,1	0,000 048	0,13	0,000 035	0,11	0,000 026	0,10		
18,2	0,000 048	0,13	0,000 035	0,11	0,000 026	0,10		
18,3	0,000 049	0,13	0,000 036	0,12	0,000 027	0,10		
18,4	0,000 049	0,13	0,000 036	0,12	0,000 027	0,10		
18,5	0,000 050	0,13	0,000 037	0,12	0,000 027	0,10		
18,6	0,000 051	0,13	0,000 037	0,12	0,000 028	0,11		
18,7	0,000 051	0,13	0,000 037	0,12	0,000 028	0,11		
18,8	0,000 052	0,13	0,000 038	0,12	0,000 028	0,11		
18,9	0,000 052	0,13	0,000 038	0,12	0,000 029	0,11		
19,0	0,000 053	0,13	0,000 039	0,12	0,000 029	0,11		
19,1	0,000 053	0,13	0,000 039	0,12	0,000 029	0,11		
19,2	0,000 054	0,14	0,000 039	0,12	0,000 029	0,11		
19,3	0,000 054	0,14	0,000 040	0,12	0,000 030	0,11		
19,4	0,000 055	0,14	0,000 040	0,12	0,000 030	0,11		
19,5	0,000 056	0,14	0,000 041	0,12	0,000 030	0,11		
19,6	0,000 056	0,14	0,000 041	0,12	0,000 031	0,11		
19,7	0,000 057	0,14	0,000 042	0,12	0,000 031	0,11		
19,8	0,000 057	0,14	0,000 042	0,12	0,000 031	0,11		
19,9	0,000 058	0,14	0,000 042	0,13	0,000 032	0,11		
20,0	0,000 058	0,14	0,000 043	0,13	0,000 032	0,11	0,000 024	0,10
20,1	0,000 059	0,14	0,000 043	0,13	0,000 032	0,11	0,000 024	0,10
20,2	0,000 060	0,14	0,000 044	0,13	0,000 033	0,11	0,000 025	0,10
20,3	0,000 060	0,14	0,000 044	0,13	0,000 033	0,11	0,000 025	0,10
20,4	0,000 061	0,14	0,000 045	0,13	0,000 033	0,12	0,000 025	0,10
20,5	0,000 061	0,14	0,000 045	0,13	0,000 034	0,12	0,000 025	0,10
20,6	0,000 062	0,15	0,000 045	0,13	0,000 034	0,12	0,000 026	0,10
20,7	0,000 063	0,15	0,000 046	0,13	0,000 034	0,12	0,000 026	0,11
20,8	0,000 063	0,15	0,000 046	0,13	0,000 035	0,12	0,000 026	0,11
20,9	0,000 064	0,15	0,000 047	0,13	0,000 035	0,12	0,000 026	0,11
21,0	0,000 064	0,15	0,000 047	0,13	0,000 035	0,12	0,000 027	0,11
21,1	0,000 065	0,15	0,000 048	0,13	0,000 036	0,12	0,000 027	0,11
21,2	0,000 066	0,15	0,000 048	0,13	0,000 036	0,12	0,000 027	0,11
21,3	0,000 066	0,15	0,000 049	0,13	0,000 036	0,12	0,000 027	0,11
21,4	0,000 067	0,15	0,000 049	0,13	0,000 037	0,12	0,000 028	0,11
21,5	0,000 067	0,15	0,000 049	0,14	0,000 037	0,12	0,000 028	0,11
21,6	0,000 068	0,15	0,000 050	0,14	0,000 037	0,12	0,000 028	0,11
21,7	0,000 069	0,15	0,000 050	0,14	0,000 038	0,12	0,000 028	0,11
21,8	0,000 070	0,15	0,000 051	0,14	0,000 038	0,12	0,000 029	0,11
21,9	0,000 070	0,15	0,000 051	0,14	0,000 038	0,12	0,000 029	0,11
22,0	0,000 071	0,16	0,000 052	0,14	0,000 039	0,12	0,000 029	0,11
22,1	0,000 071	0,16	0,000 052	0,14	0,000 039	0,12	0,000 030	0,11
22,2	0,000 072	0,16	0,000 053	0,14	0,000 039	0,13	0,000 030	0,11
22,3	0,000 073	0,16	0,000 053	0,14	0,000 040	0,13	0,000 030	0,11
22,4	0,000 073	0,16	0,000 054	0,14	0,000 040	0,13	0,000 030	0,11
22,5	0,000 074	0,16	0,000 054	0,14	0,000 040	0,13	0,000 031	0,11

$Q = 22{,}5 - 30{,}0$ Durchmesser: 425 mm—500 mm

Q	Durchmesser 425 mm		Durchmesser 450 mm		Durchmesser 475 mm		Durchmesser 500 mm	
	J	v	J	v	J	v	J	v
22,5	0,000 074	0,16	0,000 054	0,14	0,000 040	0,13	0,000 031	0,11
22,6	0,000 075	0,16	0,000 055	0,14	0,000 041	0,13	0,000 031	0,12
22,7	0,000 075	0,16	0,000 055	0,14	0,000 041	0,13	0,000 031	0,12
22,8	0,000 076	0,16	0,000 056	0,14	0,000 042	0,13	0,000 031	0,12
22,9	0,000 077	0,16	0,000 056	0,14	0,000 042	0,13	0,000 032	0,12
23,0	0,000 077	0,16	0,000 057	0,14	0,000 042	0,13	0,000 032	0,12
23,1	0,000 078	0,16	0,000 057	0,15	0,000 043	0,13	0,000 032	0,12
23,2	0,000 079	0,16	0,000 058	0,15	0,000 043	0,13	0,000 033	0,12
23,3	0,000 079	0,16	0,000 058	0,15	0,000 043	0,13	0,000 033	0,12
23,4	0,000 080	0,16	0,000 059	0,15	0,000 044	0,13	0,000 033	0,12
23,5	0,000 081	0,17	0,000 059	0,15	0,000 044	0,13	0,000 033	0,12
23,6	0,000 081	0,17	0,000 060	0,15	0,000 044	0,13	0,000 034	0,12
23,7	0,000 082	0,17	0,000 060	0,15	0,000 045	0,13	0,000 034	0,12
23,8	0,000 083	0,17	0,000 061	0,15	0,000 045	0,13	0,000 034	0,12
23,9	0,000 083	0,17	0,000 061	0,15	0,000 046	0,13	0,000 035	0,12
24,0	0,000 084	0,17	0,000 062	0,15	0,000 046	0,14	0,000 035	0,12
24,1	0,000 085	0,17	0,000 062	0,15	0,000 046	0,14	0,000 035	0,12
24,2	0,000 086	0,17	0,000 063	0,15	0,000 047	0,14	0,000 035	0,12
24,3	0,000 086	0,17	0,000 063	0,15	0,000 047	0,14	0,000 036	0,12
24,4	0,000 087	0,17	0,000 064	0,15	0,000 048	0,14	0,000 036	0,12
24,5	0,000 088	0,17	0,000 064	0,15	0,000 048	0,14	0,000 036	0,12
24,6	0,000 088	0,17	0,000 065	0,15	0,000 048	0,14	0,000 037	0,13
24,7	0,000 089	0,17	0,000 065	0,16	0,000 049	0,14	0,000 037	0,13
24,8	0,000 090	0,17	0,000 066	0,16	0,000 049	0,14	0,000 037	0,13
24,9	0,000 091	0,18	0,000 066	0,16	0,000 050	0,14	0,000 037	0,13
25,0	0,000 091	0,18	0,000 067	0,16	0,000 050	0,14	0,000 038	0,13
25,2	0,000 093	0,18	0,000 068	0,16	0,000 051	0,14	0,000 039	0,13
25,4	0,000 094	0,18	0,000 069	0,16	0,000 052	0,14	0,000 040	0,13
25,6	0,000 096	0,18	0,000 070	0,16	0,000 052	0,14	0,000 040	0,13
25,8	0,000 097	0,18	0,000 071	0,16	0,000 053	0,15	0,000 041	0,13
26,0	0,000 099	0,18	0,000 072	0,16	0,000 054	0,15	0,000 042	0,13
26,2	0,000 100	0,18	0,000 073	0,16	0,000 055	0,15	0,000 042	0,13
26,4	0,000 102	0,19	0,000 075	0,17	0,000 056	0,15	0,000 043	0,14
26,6	0,000 103	0,19	0,000 076	0,17	0,000 056	0,15	0,000 043	0,14
26,8	0,000 105	0,19	0,000 077	0,17	0,000 057	0,15	0,000 044	0,14
27,0	0,000 106	0,19	0,000 078	0,17	0,000 058	0,15	0,000 045	0,14
27,2	0,000 108	0,19	0,000 079	0,17	0,000 059	0,15	0,000 045	0,14
27,4	0,000 110	0,19	0,000 080	0,17	0,000 060	0,15	0,000 046	0,14
27,6	0,000 111	0,19	0,000 082	0,17	0,000 061	0,16	0,000 047	0,14
27,8	0,000 113	0,20	0,000 083	0,17	0,000 062	0,16	0,000 047	0,14
28,0	0,000 114	0,20	0,000 084	0,18	0,000 063	0,16	0,000 048	0,14
28,2	0,000 116	0,20	0,000 085	0,18	0,000 063	0,16	0,000 049	0,14
28,4	0,000 118	0,20	0,000 086	0,18	0,000 064	0,16	0,000 049	0,15
28,6	0,000 119	0,20	0,000 088	0,18	0,000 065	0,16	0,000 050	0,15
28,8	0,000 121	0,20	0,000 089	0,18	0,000 066	0,16	0,000 050	0,15
29,0	0,000 123	0,20	0,000 090	0,18	0,000 067	0,16	0,000 051	0,15
29,2	0,000 124	0,21	0,000 091	0,18	0,000 068	0,16	0,000 052	0,15
29,4	0,000 126	0,21	0,000 093	0,18	0,000 069	0,17	0,000 052	0,15
29,6	0,000 128	0,21	0,000 094	0,19	0,000 070	0,17	0,000 053	0,15
29,8	0,000 130	0,21	0,000 095	0,19	0,000 071	0,17	0,000 054	0,15
30,0	0,000 131	0,21	0,000 096	0,19	0,000 072	0,17	0,000 054	0,15

$Q = 30{,}0-40{,}0$ Durchmesser: 425 mm—500 mm

Q	Durchmesser 425 mm		Durchmesser 450 mm		Durchmesser 475 mm		Durchmesser 500 mm	
	J	v	J	v	J	v	J	v
30,0	0,000 131	0,21	0,000 096	0,19	0,000 072	0,17	0,000 054	0,15
30,2	0,000 133	0,21	0,000 098	0,19	0,000 073	0,17	0,000 055	0,15
30,4	0,000 135	0,21	0,000 099	0,19	0,000 074	0,17	0,000 056	0,15
30,6	0,000 137	0,22	0,000 100	0,19	0,000 075	0,17	0,000 057	0,16
30,8	0,000 139	0,22	0,000 102	0,19	0,000 076	0,17	0,000 057	0,16
31,0	0,000 140	0,22	0,000 103	0,19	0,000 077	0,18	0,000 058	0,16
31,2	0,000 142	0,22	0,000 104	0,20	0,000 078	0,18	0,000 059	0,16
31,4	0,000 144	0,22	0,000 106	0,20	0,000 079	0,18	0,000 060	0,16
31,6	0,000 146	0,22	0,000 107	0,20	0,000 080	0,18	0,000 060	0,16
31,8	0,000 148	0,22	0,000 108	0,20	0,000 081	0,18	0,000 061	0,16
32,0	0,000 150	0,23	0,000 110	0,20	0,000 082	0,18	0,000 062	0,16
32,2	0,000 151	0,23	0,000 111	0,20	0,000 083	0,18	0,000 063	0,16
32,4	0,000 153	0,23	0,000 112	0,20	0,000 084	0,18	0,000 063	0,17
32,6	0,000 155	0,23	0,000 114	0,20	0,000 085	0,18	0,000 064	0,17
32,8	0,000 157	0,23	0,000 115	0,21	0,000 086	0,19	0,000 065	0,17
33,0	0,000 159	0,23	0,000 117	0,21	0,000 087	0,19	0,000 066	0,17
33,2	0,000 161	0,23	0,000 118	0,21	0,000 088	0,19	0,000 067	0,17
33,4	0,000 163	0,24	0,000 119	0,21	0,000 089	0,19	0,000 067	0,17
33,6	0,000 165	0,24	0,000 121	0,21	0,000 090	0,19	0,000 068	0,17
33,8	0,000 167	0,24	0,000 122	0,21	0,000 091	0,19	0,000 069	0,17
34,0	0,000 169	0,24	0,000 124	0,21	0,000 092	0,19	0,000 070	0,17
34,2	0,000 171	0,24	0,000 125	0,22	0,000 093	0,19	0,000 071	0,17
34,4	0,000 173	0,24	0,000 127	0,22	0,000 094	0,19	0,000 072	0,18
34,6	0,000 175	0,24	0,000 128	0,22	0,000 096	0,20	0,000 072	0,18
34,8	0,000 177	0,25	0,000 130	0,22	0,000 097	0,20	0,000 073	0,18
35,0	0,000 179	0,25	0,000 131	0,22	0,000 098	0,20	0,000 074	0,18
35,2	0,000 181	0,25	0,000 133	0,22	0,000 099	0,20	0,000 075	0,18
35,4	0,000 183	0,25	0,000 134	0,22	0,000 100	0,20	0,000 076	0,18
35,6	0,000 185	0,25	0,000 136	0,22	0,000 101	0,20	0,000 077	0,18
35,8	0,000 187	0,25	0,000 137	0,23	0,000 102	0,20	0,000 078	0,18
36,0	0,000 189	0,25	0,000 139	0,23	0,000 103	0,20	0,000 078	0,18
36,2	0,000 191	0,26	0,000 140	0,23	0,000 105	0,20	0,000 079	0,18
36,4	0,000 193	0,26	0,000 142	0,23	0,000 106	0,21	0,000 080	0,19
36,6	0,000 196	0,26	0,000 143	0,23	0,000 107	0,21	0,000 081	0,19
36,8	0,000 198	0,26	0,000 145	0,23	0,000 108	0,21	0,000 082	0,19
37,0	0,000 200	0,26	0,000 147	0,23	0,000 109	0,21	0,000 083	0,19
37,2	0,000 202	0,26	0,000 148	0,23	0,000 110	0,21	0,000 084	0,19
37,4	0,000 204	0,26	0,000 150	0,24	0,000 112	0,21	0,000 085	0,19
37,6	0,000 206	0,27	0,000 151	0,24	0,000 113	0,21	0,000 085	0,19
37,8	0,000 209	0,27	0,000 153	0,24	0,000 114	0,21	0,000 086	0,19
38,0	0,000 211	0,27	0,000 155	0,24	0,000 115	0,21	0,000 087	0,19
38,2	0,000 213	0,27	0,000 156	0,24	0,000 117	0,22	0,000 088	0,19
38,4	0,000 215	0,27	0,000 158	0,24	0,000 118	0,22	0,000 089	0,20
38,6	0,000 218	0,27	0,000 159	0,24	0,000 119	0,22	0,000 090	0,20
38,8	0,000 220	0,27	0,000 161	0,24	0,000 120	0,22	0,000 091	0,20
39,0	0,000 222	0,28	0,000 163	0,25	0,000 121	0,22	0,000 092	0,20
39,2	0,000 224	0,28	0,000 164	0,25	0,000 123	0,22	0,000 093	0,20
39,4	0,000 227	0,28	0,000 166	0,25	0,000 124	0,22	0,000 094	0,20
39,6	0,000 229	0,28	0,000 168	0,25	0,000 125	0,22	0,000 095	0,20
39,8	0,000 231	0,28	0,000 170	0,25	0,000 126	0,22	0,000 096	0,20
40,0	0,000 234	0,28	0,000 171	0,25	0,000 128	0,23	0,000 097	0,20

$Q = 40{,}0\text{—}50{,}0$ Durchmesser: 425 mm—500 mm

Q	Durchmesser 425 mm J	v	Durchmesser 450 mm J	v	Durchmesser 475 mm J	v	Durchmesser 500 mm J	v
40,0	0,000 234	0,28	0,000 171	0,25	0,000 128	0,23	0,000 097	0,20
40,2	0,000 236	0,28	0,000 173	0,25	0,000 129	0,23	0,000 098	0,20
40,4	0,000 238	0,28	0,000 175	0,25	0,000 130	0,23	0,000 099	0,21
40,6	0,000 241	0,29	0,000 176	0,26	0,000 132	0,23	0,000 100	0,21
40,8	0,000 243	0,29	0,000 178	0,26	0,000 133	0,23	0,000 101	0,21
41,0	0,000 245	0,29	0,000 180	0,26	0,000 134	0,23	0,000 102	0,21
41,2	0,000 248	0,29	0,000 182	0,26	0,000 136	0,23	0,000 103	0,21
41,4	0,000 250	0,29	0,000 183	0,26	0,000 137	0,23	0,000 104	0,21
41,6	0,000 253	0,29	0,000 185	0,26	0,000 138	0,23	0,000 105	0,21
41,8	0,000 255	0,29	0,000 187	0,26	0,000 140	0,24	0,000 106	0,21
42,0	0,000 258	0,30	0,000 189	0,26	0,000 141	0,24	0,000 107	0,21
42,2	0,000 260	0,30	0,000 191	0,27	0,000 142	0,24	0,000 108	0,21
42,4	0,000 262	0,30	0,000 192	0,27	0,000 144	0,24	0,000 109	0,22
42,6	0,000 265	0,30	0,000 194	0,27	0,000 145	0,24	0,000 110	0,22
42,8	0,000 267	0,30	0,000 196	0,27	0,000 146	0,24	0,000 111	0,22
43,0	0,000 270	0,30	0,000 198	0,27	0,000 148	0,24	0,000 112	0,22
43,2	0,000 272	0,30	0,000 200	0,27	0,000 149	0,24	0,000 113	0,22
43,4	0,000 275	0,31	0,000 202	0,27	0,000 150	0,24	0,000 114	0,22
43,6	0,000 278	0,31	0,000 203	0,27	0,000 152	0,25	0,000 115	0,22
43,8	0,000 280	0,31	0,000 205	0,28	0,000 153	0,25	0,000 116	0,22
44,0	0,000 283	0,31	0,000 207	0,28	0,000 155	0,25	0,000 117	0,22
44,2	0,000 285	0,31	0,000 209	0,28	0,000 156	0,25	0,000 118	0,23
44,4	0,000 288	0,31	0,000 211	0,28	0,000 157	0,25	0,000 119	0,23
44,6	0,000 290	0,31	0,000 213	0,28	0,000 159	0,25	0,000 120	0,23
44,8	0,000 293	0,32	0,000 215	0,28	0,000 160	0,25	0,000 121	0,23
45,0	0,000 296	0,32	0,000 217	0,28	0,000 162	0,25	0,000 122	0,23
45,2	0,000 298	0,32	0,000 219	0,28	0,000 163	0,25	0,000 124	0,23
45,4	0,000 301	0,32	0,000 221	0,29	0,000 165	0,26	0,000 125	0,23
45,6	0,000 304	0,32	0,000 223	0,29	0,000 166	0,26	0,000 126	0,23
45,8	0,000 306	0,32	0,000 225	0,29	0,000 167	0,26	0,000 127	0,23
46,0	0,000 309	0,32	0,000 227	0,29	0,000 169	0,26	0,000 128	0,23
46,2	0,000 312	0,33	0,000 228	0,29	0,000 170	0,26	0,000 129	0,24
46,4	0,000 314	0,33	0,000 230	0,29	0,000 172	0,26	0,000 130	0,24
46,6	0,000 317	0,33	0,000 232	0,29	0,000 173	0,26	0,000 131	0,24
46,8	0,000 320	0,33	0,000 234	0,29	0,000 175	0,26	0,000 132	0,24
47,0	0,000 323	0,33	0,000 236	0,30	0,000 176	0,27	0,000 134	0,24
47,2	0,000 325	0,33	0,000 238	0,30	0,000 178	0,27	0,000 135	0,24
47,4	0,000 328	0,33	0,000 241	0,30	0,000 179	0,27	0,000 136	0,24
47,6	0,000 331	0,34	0,000 243	0,30	0,000 181	0,27	0,000 137	0,24
47,8	0,000 334	0,34	0,000 245	0,30	0,000 182	0,27	0,000 138	0,24
48,0	0,000 336	0,34	0,000 247	0,30	0,000 184	0,27	0,000 139	0,24
48,2	0,000 339	0,34	0,000 249	0,30	0,000 185	0,27	0,000 140	0,25
48,4	0,000 342	0,34	0,000 251	0,30	0,000 187	0,27	0,000 142	0,25
48,6	0,000 345	0,34	0,000 253	0,31	0,000 189	0,27	0,000 143	0,25
48,8	0,000 348	0,34	0,000 255	0,31	0,000 190	0,28	0,000 144	0,25
49,0	0,000 351	0,35	0,000 257	0,31	0,000 192	0,28	0,000 145	0,25
49,2	0,000 353	0,35	0,000 259	0,31	0,000 193	0,28	0,000 146	0,25
49,4	0,000 356	0,35	0,000 261	0,31	0,000 195	0,28	0,000 148	0,25
49,6	0,000 359	0,35	0,000 263	0,31	0,000 196	0,28	0,000 149	0,25
49,8	0,000 362	0,35	0,000 265	0,31	0,000 198	0,28	0,000 150	0,25
50,0	0,000 365	0,35	0,000 268	0,31	0,000 200	0,28	0,000 151	0,25

$Q = 50{,}0 - 75{,}0$ Durchmesser: 425 mm — 500 mm

Q	Durchmesser 425 mm		Durchmesser 450 mm		Durchmesser 475 mm		Durchmesser 500 mm	
	J	v	J	v	J	v	J	v
50,0	0,000 365	0,35	0,000 268	0,31	0,000 200	0,28	0,000 151	0,25
50,5	0,000 372	0,36	0,000 273	0,32	0,000 204	0,28	0,000 154	0,26
51,0	0,000 380	0,36	0,000 278	0,32	0,000 208	0,29	0,000 157	0,26
51,5	0,000 387	0,36	0,000 284	0,32	0,000 212	0,29	0,000 160	0,26
52,0	0,000 395	0,37	0,000 289	0,33	0,000 216	0,29	0,000 164	0,26
52,5	0,000 402	0,37	0,000 295	0,33	0,000 220	0,30	0,000 167	0,27
53,0	0,000 410	0,37	0,000 301	0,33	0,000 224	0,30	0,000 170	0,27
53,5	0,000 418	0,38	0,000 306	0,34	0,000 229	0,30	0,000 173	0,27
54,0	0,000 426	0,38	0,000 312	0,34	0,000 233	0,30	0,000 176	0,28
54,5	0,000 434	0,39	0,000 318	0,34	0,000 237	0,31	0,000 180	0,28
55,0	0,000 442	0,39	0,000 324	0,35	0,000 242	0,31	0,000 183	0,28
55,5	0,000 450	0,39	0,000 330	0,35	0,000 246	0,31	0,000 186	0,28
56,0	0,000 458	0,39	0,000 336	0,35	0,000 250	0,32	0,000 190	0,29
56,5	0,000 466	0,40	0,000 342	0,36	0,000 255	0,32	0,000 193	0,29
57,0	0,000 474	0,40	0,000 348	0,36	0,000 259	0,32	0,000 196	0,29
57,5	0,000 483	0,41	0,000 354	0,36	0,000 264	0,32	0,000 200	0,29
58,0	0,000 491	0,41	0,000 360	0,36	0,000 269	0,33	0,000 203	0,30
58,5	0,000 500	0,41	0,000 366	0,37	0,000 273	0,33	0,000 207	0,30
59,0	0,000 508	0,42	0,000 373	0,37	0,000 278	0,33	0,000 211	0,30
59,5	0,000 517	0,42	0,000 379	0,37	0,000 283	0,34	0,000 214	0,30
60,0	0,000 526	0,42	0,000 385	0,38	0,000 287	0,34	0,000 218	0,31
60,5	0,000 534	0,43	0,000 392	0,38	0,000 292	0,34	0,000 221	0,31
61,0	0,000 543	0,43	0,000 398	0,38	0,000 297	0,34	0,000 225	0,31
61,5	0,000 552	0,43	0,000 405	0,39	0,000 302	0,35	0,000 229	0,31
62,0	0,000 561	0,44	0,000 411	0,39	0,000 307	0,35	0,000 232	0,32
62,5	0,000 570	0,44	0,000 418	0,39	0,000 312	0,35	0,000 236	0,32
63,0	0,000 580	0,44	0,000 425	0,40	0,000 317	0,36	0,000 240	0,32
63,5	0,000 589	0,45	0,000 432	0,40	0,000 322	0,36	0,000 244	0,32
64,0	0,000 598	0,45	0,000 438	0,40	0,000 327	0,36	0,000 248	0,33
64,5	0,000 607	0,45	0,000 445	0,41	0,000 332	0,36	0,000 252	0,33
65,0	0,000 617	0,46	0,000 452	0,41	0,000 337	0,37	0,000 255	0,33
65,5	0,000 626	0,46	0,000 459	0,41	0,000 343	0,37	0,000 260	0,33
66,0	0,000 636	0,47	0,000 466	0,42	0,000 348	0,37	0,000 263	0,34
66,5	0,000 646	0,47	0,000 473	0,42	0,000 353	0,38	0,000 267	0,34
67,0	0,000 655	0,47	0,000 481	0,42	0,000 358	0,38	0,000 271	0,34
67,5	0,000 665	0,48	0,000 488	0,42	0,000 364	0,38	0,000 276	0,34
68,0	0,000 675	0,48	0,000 495	0,43	0,000 369	0,38	0,000 280	0,35
68,5	0,000 685	0,48	0,000 502	0,43	0,000 375	0,39	0,000 284	0,35
69,0	0,000 695	0,49	0,000 510	0,43	0,000 380	0,39	0,000 288	0,35
69,5	0,000 705	0,49	0,000 517	0,44	0,000 386	0,39	0,000 292	0,35
70,0	0,000 715	0,49	0,000 525	0,44	0,000 391	0,40	0,000 296	0,36
70,5	0,000 726	0,50	0,000 532	0,44	0,000 397	0,40	0,000 300	0,36
71,0	0,000 736	0,50	0,000 540	0,45	0,000 402	0,40	0,000 305	0,36
71,5	0,000 746	0,50	0,000 547	0,45	0,000 408	0,40	0,000 309	0,36
72,0	0,000 757	0,51	0,000 555	0,45	0,000 414	0,41	0,000 313	0,37
72,5	0,000 767	0,51	0,000 563	0,46	0,000 420	0,41	0,000 318	0,37
73,0	0,000 778	0,51	0,000 570	0,46	0,000 425	0,41	0,000 322	0,37
73,5	0,000 789	0,52	0,000 578	0,46	0,000 431	0,41	0,000 327	0,37
74,0	0,000 800	0,52	0,000 586	0,47	0,000 437	0,42	0,000 331	0,38
74,5	0,000 810	0,53	0,000 594	0,47	0,000 443	0,42	0,000 336	0,38
75,0	0,000 821	0,53	0,000 602	0,47	0,000 449	0,42	0,000 340	0,38

$Q = 75{,}0-100$ Durchmesser: 425 mm—500 mm

Q	Durchmesser 425 mm J	v	Durchmesser 450 mm J	v	Durchmesser 475 mm J	v	Durchmesser 500 mm J	v
75,0	0,000 821	0,53	0,000 602	0,47	0,000 449	0,42	0,000 340	0,38
75,5	0,000 832	0,53	0,000 610	0,47	0,000 455	0,43	0,000 345	0,38
76,0	0,000 843	0,54	0,000 618	0,48	0,000 461	0,43	0,000 349	0,39
76,5	0,000 855	0,54	0,000 626	0,48	0,000 467	0,43	0,000 354	0,39
77,0	0,000 866	0,54	0,000 635	0,48	0,000 473	0,43	0,000 359	0,39
77,5	0,000 877	0,55	0,000 643	0,49	0,000 480	0,44	0,000 363	0,39
78,0	0,000 888	0,55	0,000 651	0,49	0,000 486	0,44	0,000 368	0,40
78,5	0,000 900	0,55	0,000 660	0,49	0,000 492	0,44	0,000 373	0,40
79,0	0,000 911	0,56	0,000 668	0,50	0,000 498	0,45	0,000 377	0,40
79,5	0,000 923	0,56	0,000 677	0,50	0,000 505	0,45	0,000 382	0,40
80,0	0,000 934	0,56	0,000 685	0,50	0,000 511	0,45	0,000 387	0,41
80,5	0,000 946	0,57	0,000 694	0,51	0,000 517	0,45	0,000 392	0,41
81,0	0,000 958	0,57	0,000 702	0,51	0,000 524	0,46	0,000 397	0,41
81,5	0,000 970	0,57	0,000 711	0,51	0,000 530	0,46	0,000 402	0,42
82,0	0,000 982	0,58	0,000 720	0,52	0,000 537	0,46	0,000 407	0,42
82,5	0,000 994	0,58	0,000 729	0,52	0,000 543	0,47	0,000 412	0,42
83,0	0,001 006	0,59	0,000 737	0,52	0,000 550	0,47	0,000 417	0,42
83,5	0,001 018	0,59	0,000 746	0,53	0,000 557	0,47	0,000 422	0,43
84,0	0,001 030	0,59	0,000 755	0,53	0,000 563	0,47	0,000 427	0,43
84,5	0,001 043	0,60	0,000 764	0,53	0,000 570	0,48	0,000 432	0,43
85,0	0,001 055	0,60	0,000 773	0,53	0,000 577	0,48	0,000 437	0,43
85,5	0,001 067	0,60	0,000 783	0,54	0,000 584	0,48	0,000 442	0,44
86,0	0,001 080	0,61	0,000 792	0,54	0,000 591	0,49	0,000 447	0,44
86,5	0,001 093	0,61	0,000 801	0,54	0,000 597	0,49	0,000 452	0,44
87,0	0,001 105	0,61	0,000 810	0,55	0,000 604	0,49	0,000 458	0,44
87,5	0,001 118	0,62	0,000 820	0,55	0,000 611	0,49	0,000 463	0,45
88,0	0,001 131	0,62	0,000 829	0,55	0,000 618	0,50	0,000 468	0,45
88,5	0,001 144	0,62	0,000 838	0,56	0,000 625	0,50	0,000 474	0,45
89,0	0,001 157	0,63	0,000 848	0,56	0,000 632	0,50	0,000 479	0,45
89,5	0,001 170	0,63	0,000 857	0,56	0,000 640	0,51	0,000 484	0,46
90,0	0,001 183	0,63	0,000 867	0,57	0,000 647	0,51	0,000 490	0,46
90,5	0,001 196	0,64	0,000 877	0,57	0,000 654	0,51	0,000 495	0,46
91,0	0,001 209	0,64	0,000 886	0,57	0,000 661	0,51	0,000 501	0,46
91,5	0,001 222	0,65	0,000 896	0,58	0,000 668	0,52	0,000 506	0,47
92,0	0,001 236	0,65	0,000 906	0,58	0,000 676	0,52	0,000 512	0,47
92,5	0,001 249	0,65	0,000 916	0,58	0,000 683	0,52	0,000 517	0,47
93,0	0,001 263	0,66	0,000 926	0,58	0,000 691	0,52	0,000 523	0,47
93,5	0,001 276	0,66	0,000 936	0,59	0,000 698	0,53	0,000 529	0,48
94,0	0,001 290	0,66	0,000 946	0,59	0,000 705	0,53	0,000 534	0,48
94,5	0,001 304	0,67	0,000 956	0,59	0,000 713	0,53	0,000 540	0,48
95,0	0,001 318	0,67	0,000 966	0,60	0,000 721	0,54	0,000 546	0,48
95,5	0,001 332	0,67	0,000 976	0,60	0,000 728	0,54	0,000 552	0,49
96,0	0,001 346	0,68	0,000 987	0,60	0,000 736	0,54	0,000 557	0,49
96,5	0,001 360	0,68	0,000 997	0,61	0,000 744	0,54	0,000 563	0,49
97,0	0,001 374	0,68	0,001 007	0,61	0,000 751	0,55	0,000 569	0,49
97,5	0,001 388	0,69	0,001 018	0,61	0,000 759	0,55	0,000 575	0,50
98,0	0,001 402	0,69	0,001 028	0,62	0,000 767	0,55	0,000 581	0,50
98,5	0,001 417	0,69	0,001 039	0,62	0,000 775	0,56	0,000 587	0,50
99,0	0,001 431	0,70	0,001 049	0,62	0,000 783	0,56	0,000 593	0,50
99,5	0,001 446	0,70	0,001 060	0,63	0,000 790	0,56	0,000 599	0,51
100	0,001 460	0,70	0,001 070	0,63	0,000 798	0,56	0,000 605	0,51

$Q = 100-150$ Durchmesser: 425 mm—500 mm

Q	Durchmesser 425 mm		Durchmesser 450 mm		Durchmesser 475 mm		Durchmesser 500 mm	
	J	v	J	v	J	v	J	v
100	0,001 460	0,70	0,001 070	0,63	0,000 798	0,56	0,000 605	0,51
101	0,001 489	0,71	0,001 092	0,64	0,000 814	0,57	0,000 617	0,51
102	0,001 519	0,72	0,001 114	0,64	0,000 831	0,58	0,000 629	0,52
103	0,001 549	0,73	0,001 136	0,65	0,000 847	0,58	0,000 642	0,52
104	0,001 579	0,73	0,001 158	0,65	0,000 864	0,59	0,000 654	0,53
105	0,001 610	0,74	0,001 180	0,66	0,000 880	0,59	0,000 667	0,53
106	0,001 641	0,75	0,001 203	0,67	0,000 897	0,60	0,000 679	0,54
107	0,001 672	0,75	0,001 226	0,67	0,000 914	0,60	0,000 692	0,54
108	0,001 703	0,76	0,001 249	0,68	0,000 931	0,61	0,000 705	0,55
109	0,001 735	0,77	0,001 272	0,69	0,000 949	0,62	0,000 718	0,56
110	0,001 767	0,78	0,001 295	0,69	0,000 966	0,62	0,000 732	0,56
111	0,001 799	0,78	0,001 319	0,70	0,000 984	0,63	0,000 745	0,57
112	0,001 832	0,79	0,001 343	0,70	0,001 002	0,63	0,000 759	0,57
113	0,001 864	0,80	0,001 367	0,71	0,001 019	0,64	0,000 772	0,58
114	0,001 898	0,80	0,001 391	0,72	0,001 038	0,64	0,000 786	0,58
115	0,001 931	0,81	0,001 416	0,72	0,001 056	0,65	0,000 800	0,59
116	0,001 965	0,82	0,001 440	0,73	0,001 074	0,65	0,000 814	0,59
117	0,001 999	0,82	0,001 465	0,74	0,001 093	0,66	0,000 828	0,60
118	0,002 033	0,83	0,001 491	0,74	0,001 112	0,67	0,000 842	0,60
119	0,002 068	0,84	0,001 516	0,75	0,001 131	0,67	0,000 856	0,61
120	0,002 103	0,85	0,001 542	0,75	0,001 150	0,68	0,000 871	0,61
121	0,002 138	0,85	0,001 567	0,76	0,001 169	0,68	0,000 885	0,62
122	0,002 173	0,86	0,001 593	0,77	0,001 188	0,69	0,000 900	0,62
123	0,002 209	0,87	0,001 620	0,77	0,001 208	0,69	0,000 915	0,63
124	0,002 245	0,87	0,001 646	0,78	0,001 228	0,70	0,000 930	0,63
125	0,002 281	0,88	0,001 673	0,79	0,001 248	0,71	0,000 945	0,64
126	0,002 318	0,89	0,001 700	0,79	0,001 268	0,71	0,000 960	0,64
127	0,002 355	0,90	0,001 727	0,80	0,001 288	0,72	0,000 975	0,65
128	0,002 392	0,90	0,001 754	0,80	0,001 308	0,72	0,000 991	0,65
129	0,002 430	0,91	0,001 781	0,81	0,001 329	0,73	0,001 006	0,66
130	0,002 468	0,92	0,001 809	0,82	0,001 349	0,73	0,001 022	0,66
131	0,002 506	0,92	0,001 837	0,82	0,001 370	0,74	0,001 038	0,67
132	0,002 544	0,93	0,001 865	0,83	0,001 391	0,74	0,001 054	0,67
133	0,002 583	0,94	0,001 894	0,84	0,001 412	0,75	0,001 070	0,68
134	0,002 622	0,94	0,001 922	0,84	0,001 434	0,76	0,001 086	0,68
135	0,002 661	0,95	0,001 951	0,85	0,001 455	0,76	0,001 102	0,69
136	0,002 701	0,96	0,001 980	0,86	0,001 477	0,77	0,001 118	0,69
137	0,002 741	0,97	0,002 009	0,86	0,001 499	0,77	0,001 135	0,70
138	0,002 781	0,97	0,002 039	0,87	0,001 521	0,78	0,001 152	0,70
139	0,002 821	0,98	0,002 068	0,87	0,001 543	0,78	0,001 168	0,71
140	0,002 862	0,99	0,002 098	0,88	0,001 565	0,79	0,001 185	0,71
141	0,002 903	0,99	0,002 128	0,89	0,001 587	0,80	0,001 202	0,72
142	0,002 944	1,00	0,002 159	0,89	0,001 610	0,80	0,001 219	0,72
143	0,002 986	1,01	0,002 189	0,90	0,001 633	0,81	0,001 237	0,73
144	0,003 028	1,02	0,002 220	0,91	0,001 656	0,81	0,001 254	0,73
145	0,003 070	1,02	0,002 251	0,91	0,001 679	0,82	0,001 271	0,74
146	0,003 112	1,03	0,002 282	0,92	0,001 702	0,82	0,001 289	0,74
147	0,003 155	1,04	0,002 313	0,92	0,001 725	0,83	0,001 307	0,75
148	0,003 198	1,04	0,002 345	0,93	0,001 749	0,84	0,001 325	0,75
149	0,003 242	1,05	0,002 377	0,94	0,001 773	0,84	0,001 343	0,76
150	0,003 285	1,06	0,002 409	0,94	0,001 796	0,85	0,001 361	0,76

Marung, Rohrleitungstabellen.

$Q = 150-200$ Durchmesser: 425 mm — 500 mm

Q	Durchmesser 425 mm		Durchmesser 450 mm		Durchmesser 475 mm		Durchmesser 500 mm	
	J	v	J	v	J	v	J	v
150	0,003 285	1,06	0,002 409	0,94	0,001 796	0,85	0,001 361	0,76
151	0,003 329	1,06	0,002 441	0,95	0,001 820	0,85	0,001 379	0,77
152	0,003 373	1,07	0,002 473	0,96	0,001 845	0,86	0,001 397	0,77
153	0,003 418	1,08	0,002 506	0,96	0,001 869	0,86	0,001 416	0,78
154	0,003 463	1,09	0,002 539	0,97	0,001 894	0,87	0,001 434	0,78
155	0,003 508	1,09	0,002 572	0,97	0,001 918	0,87	0,001 453	0,79
156	0,003 553	1,10	0,002 605	0,98	0,001 943	0,88	0,001 472	0,79
157	0,003 599	1,11	0,002 639	0,99	0,001 968	0,89	0,001 491	0,80
158	0,003 645	1,11	0,002 672	0,99	0,001 993	0,89	0,001 510	0,80
159	0,003 691	1,12	0,002 706	1,00	0,002 018	0,90	0,001 529	0,81
160	0,003 738	1,13	0,002 740	1,01	0,002 044	0,90	0,001 548	0,81
161	0,003 785	1,13	0,002 775	1,01	0,002 070	0,91	0,001 567	0,82
162	0,003 832	1,14	0,002 809	1,02	0,002 095	0,91	0,001 587	0,83
163	0,003 879	1,15	0,002 844	1,02	0,002 121	0,92	0,001 607	0,83
164	0,003 927	1,16	0,002 879	1,03	0,002 147	0,93	0,001 626	0,84
165	0,003 975	1,16	0,002 914	1,04	0,002 174	0,93	0,001 646	0,84
166	0,004 024	1,17	0,002 950	1,04	0,002 200	0,94	0,001 666	0,85
167	0,004 072	1,18	0,002 986	1,05	0,002 227	0,94	0,001 686	0,85
168	0,004 121	1,18	0,003 021	1,06	0,002 253	0,95	0,001 707	0,86
169	0,004 170	1,19	0,003 057	1,06	0,002 280	0,95	0,001 727	0,86
170	0,004 220	1,20	0,003 094	1,07	0,002 307	0,96	0,001 748	0,87
171	0,004 270	1,21	0,003 130	1,08	0,002 335	0,97	0,001 768	0,87
172	0,004 320	1,21	0,003 167	1,08	0,002 362	0,97	0,001 789	0,88
173	0,004 370	1,22	0,003 204	1,09	0,002 390	0,98	0,001 810	0,88
174	0,004 421	1,23	0,003 241	1,09	0,002 417	0,98	0,001 831	0,89
175	0,004 472	1,23	0,003 278	1,10	0,002 445	0,99	0,001 852	0,89
176	0,004 523	1,24	0,003 316	1,11	0,002 473	0,99	0,001 873	0,90
177	0,004 574	1,25	0,003 354	1,11	0,002 501	1,00	0,001 895	0,90
178	0,004 626	1,25	0,003 392	1,12	0,002 530	1,00	0,001 916	0,91
179	0,004 678	1,26	0,003 430	1,13	0,002 558	1,01	0,001 938	0,91
180	0,004 731	1,27	0,003 468	1,13	0,002 587	1,02	0,001 959	0,92
181	0,004 784	1,28	0,003 507	1,14	0,002 616	1,02	0,001 981	0,92
182	0,004 837	1,28	0,003 546	1,14	0,002 645	1,03	0,002 003	0,93
183	0,004 890	1,29	0,003 585	1,15	0,002 674	1,03	0,002 025	0,93
184	0,004 943	1,30	0,003 624	1,16	0,002 703	1,04	0,002 047	0,94
185	0,004 997	1,30	0,003 664	1,16	0,002 733	1,04	0,002 070	0,94
186	0,005 051	1,31	0,003 704	1,17	0,002 762	1,05	0,002 092	0,95
187	0,005 106	1,32	0,003 743	1,18	0,002 792	1,06	0,002 115	0,95
188	0,005 161	1,33	0,003 784	1,18	0,002 822	1,06	0,002 137	0,96
189	0,005 216	1,33	0,003 824	1,19	0,002 852	1,07	0,002 160	0,96
190	0,005 271	1,34	0,003 865	1,19	0,002 882	1,07	0,002 183	0,97
191	0,005 327	1,35	0,003 905	1,20	0,002 913	1,08	0,002 206	0,97
192	0,005 383	1,35	0,003 946	1,21	0,002 943	1,08	0,002 229	0,98
193	0,005 439	1,36	0,003 988	1,21	0,002 974	1,09	0,002 253	0,98
194	0,005 495	1,37	0,004 029	1,22	0,003 005	1,09	0,002 276	0,99
195	0,005 552	1,37	0,004 071	1,23	0,003 036	1,10	0,002 299	0,99
196	0,005 609	1,38	0,004 112	1,23	0,003 067	1,11	0,002 323	1,00
197	0,005 667	1,39	0,004 154	1,24	0,003 099	1,11	0,002 347	1,00
198	0,005 724	1,40	0,004 197	1,24	0,003 130	1,12	0,002 371	1,01
199	0,005 782	1,40	0,004 239	1,25	0,003 162	1,12	0,002 395	1,01
200	0,005 841	1,41	0,004 282	1,26	0,003 194	1,13	0,002 419	1,02

$Q = 200\text{—}300$ Durchmesser: 425 mm—500 mm

Q	Durchmesser 425 mm		Durchmesser 450 mm		Durchmesser 475 mm		Durchmesser 500 mm	
	J	v	J	v	J	v	J	v
200	0,005 841	1,41	0,004 282	1,26	0,003 194	1,13	0,002 419	1,02
202	0,005 958	1,42	0,004 368	1,27	0,003 258	1,14	0,002 467	1,03
204	0,006 076	1,44	0,004 455	1,28	0,003 323	1,15	0,002 517	1,04
206	0,006 196	1,45	0,004 543	1,30	0,003 388	1,16	0,002 566	1,05
208	0,006 317	1,47	0,004 631	1,31	0,003 454	1,17	0,002 616	1,06
210	0,006 439	1,48	0,004 721	1,32	0,003 521	1,19	0,002 667	1,07
212	0,006 562	1,49	0,004 811	1,33	0,003 588	1,20	0,002 718	1,08
214	0,006 687	1,51	0,004 902	1,35	0,003 656	1,21	0,002 769	1,09
216	0,006 812	1,52	0,004 995	1,36	0,003 725	1,22	0,002 821	1,10
218	0,006 939	1,54	0,005 087	1,37	0,003 794	1,23	0,002 874	1,11
220	0,007 067	1,55	0,005 181	1,38	0,003 864	1,24	0,002 927	1,12
222	0,007 196	1,56	0,005 276	1,40	0,003 935	1,25	0,002 980	1,13
224	0,007 326	1,58	0,005 371	1,41	0,004 006	1,26	0,003 034	1,14
226	0,007 458	1,59	0,005 468	1,42	0,004 078	1,28	0,003 089	1,15
228	0,007 590	1,61	0,005 565	1,43	0,004 415	1,29	0,003 144	1,16
230	0,007 724	1,62	0,005 663	1,45	0,004 224	1,30	0,003 199	1,17
232	0,007 859	1,64	0,005 762	1,46	0,004 297	1,31	0,003 255	1,18
234	0,007 995	1,65	0,005 862	1,47	0,004 372	1,32	0,003 311	1,19
236	0,008 132	1,66	0,005 962	1,48	0,004 447	1,33	0,003 368	1,20
238	0,008 271	1,68	0,006 064	1,50	0,004 523	1,34	0,003 425	1,21
240	0,008 410	1,69	0,006 166	1,51	0,004 599	1,35	0,003 483	1,22
242	0,008 551	1,71	0,006 269	1,52	0,004 676	1,37	0,003 541	1,23
244	0,008 693	1,72	0,006 373	1,53	0,004 753	1,38	0,003 600	1,24
246	0,008 836	1,73	0,006 478	1,55	0,004 832	1,39	0,003 660	1,25
248	0,008 980	1,75	0,006 584	1,56	0,004 911	1,40	0,003 719	1,26
250	0,009 126	1,76	0,006 691	1,57	0,004 990	1,41	0,003 779	1,27
252	0,009 272	1,78	0,006 798	1,58	0,005 070	1,42	0,003 840	1,28
254	0,009 420	1,79	0,006 906	1,60	0,005 151	1,43	0,003 901	1,29
256	0,009 569	1,80	0,007 016	1,61	0,005 233	1,44	0,003 963	1,30
258	0,009 719	1,82	0,007 126	1,62	0,005 315	1,46	0,004 025	1,31
260	0,009 870	1,83	0,007 237	1,63	0,005 397	1,47	0,004 088	1,32
262	0,010 023	1,85	0,007 348	1,65	0,005 481	1,48	0,004 151	1,33
264	0,010 177	1,86	0,007 461	1,66	0,005 565	1,49	0,004 215	1,34
266	0,010 331	1,88	0,007 574	1,67	0,005 649	1,50	0,004 279	1,35
268	0,010 487	1,89	0,007 689	1,69	0,005 735	1,51	0,004 343	1,36
270	0,010 644	1,90	0,007 804	1,70	0,005 820	1,52	0,004 408	1,38
272	0,010 803	1,92	0,007 920	1,71	0,005 907	1,54	0,004 474	1,39
274	0,010 962	1,93	0,008 037	1,72	0,005 994	1,55	0,004 540	1,40
276	0,011 123	1,95	0,008 155	1,74	0,006 082	1,56	0,004 606	1,41
278	0,011 284	1,96	0,008 273	1,75	0,006 170	1,57	0,004 673	1,42
280	0,011 447	1,97	0,008 393	1,76	0,006 260	1,58	0,004 741	1,43
282	0,011 612	1,99	0,008 513	1,77	0,006 349	1,59	0,004 809	1,44
284	0,011 777	2,00	0,008 634	1,79	0,006 440	1,60	0,004 877	1,45
286	0,011 943	2,02	0,008 756	1,80	0,006 531	1,61	0,004 946	1,46
288	0,012 111	2,03	0,008 879	1,81	0,006 622	1,63	0,005 016	1,47
290	0,012 280	2,04	0,009 003	1,82	0,006 715	1,64	0,005 086	1,48
292	0,012 450	2,06	0,009 127	1,84	0,006 808	1,65	0,005 156	1,49
294	0,012 621	2,07	0,009 253	1,85	0,006 901	1,66	0,005 227	1,50
296	0,012 793	2,09	0,009 379	1,86	0,006 995	1,67	0,005 298	1,51
298	0,012 967	2,10	0,009 506	1,87	0,007 090	1,68	0,005 370	1,52
300	0,013 141	2,11	0,009 634	1,89	0,007 186	1,69	0,005 442	1,53

$Q = 300—400$ Durchmesser: 425 mm—500 mm

Q	Durchmesser 425 mm		Durchmesser 450 mm		Durchmesser 475 mm		Durchmesser 500 mm	
	J	v	J	v	J	v	J	v
300	0,013 141	2,11	0,009 634	1,89	0,007 186	1,69	0,005 442	1,53
302	0,013 317	2,13	0,009 763	1,90	0,007 282	1,70	0,005 515	1,54
304	0,013 494	2,14	0,009 893	1,91	0,007 379	1,72	0,005 589	1,55
306	0,013 672	2,16	0,010 024	1,92	0,007 476	1,73	0,005 662	1,56
308	0,013 851	2,17	0,010 155	1,94	0,007 574	1,74	0,005 737	1,57
310	0,014 032	2,19	0,010 287	1,95	0,007 673	1,75	0,005 811	1,58
312	0,014 213	2,20	0,010 421	1,96	0,007 772	1,76	0,005 887	1,59
314	0,014 396	2,21	0,010 555	1,97	0,007 872	1,77	0,005 962	1,60
316	0,014 580	2,23	0,010 690	1,99	0,007 973	1,78	0,006 038	1,61
318	0,014 765	2,24	0,010 825	2,00	0,008 074	1,79	0,006 115	1,62
320	0,014 952	2,26	0,010 962	2,01	0,008 176	1,81	0,006 192	1,63
322	0,015 139	2,27	0,011 099	2,02	0,008 278	1,82	0,006 270	1,64
324	0,015 328	2,28	0,011 238	2,04	0,008 381	1,83	0,006 348	1,65
326	0,015 518	2,30	0,011 377	2,05	0,008 485	1,84	0,006 427	1,66
328	0,015 709	2,31	0,011 517	2,06	0,008 590	1,85	0,006 506	1,67
330	0,015 901	2,33	0,011 658	2,07	0,008 695	1,86	0,006 585	1,68
332	0,016 094	2,34	0,011 799	2,09	0,008 800	1,87	0,006 665	1,69
334	0,016 289	2,35	0,011 942	2,10	0,008 907	1,88	0,006 746	1,70
336	0,016 484	2,37	0,012 085	2,11	0,009 014	1,90	0,006 827	1,71
338	0,016 681	2,38	0,012 230	2,13	0,009 121	1,91	0,006 909	1,72
340	0,016 879	2,40	0,012 375	2,14	0,009 230	1,92	0,006 991	1,73
342	0,017 078	2,41	0,012 521	2,15	0,009 339	1,93	0,007 073	1,74
344	0,017 279	2,42	0,012 668	2,16	0,009 448	1,94	0,007 156	1,75
346	0,017 480	2,44	0,012 816	2,18	0,009 558	1,95	0,007 239	1,76
348	0,017 683	2,45	0,012 964	2,19	0,009 669	1,96	0,007 323	1,77
350	0,017 887	2,47	0,013 114	2,20	0,009 781	1,98	0,007 408	1,78
352	0,018 092	2,48	0,013 264	2,21	0,009 893	1,99	0,007 493	1,79
354	0,018 298	2,50	0,013 415	2,22	0,010 005	2,00	0,007 578	1,80
356	0,018 505	2,51	0,013 567	2,23	0,010 119	2,01	0,007 664	1,81
358	0,018 714	2,52	0,013 720	2,25	0,010 233	2,02	0,007 750	1,82
360	0,018 923	2,54	0,013 874	2,26	0,010 348	2,03	0,007 837	1,83
362	0,019 134	2,55	0,014 028	2,27	0,010 463	2,04	0,007 924	1,84
364	0,019 346	2,57	0,014 184	2,28	0,010 579	2,05	0,008 012	1,85
366	0,019 559	2,58	0,014 340	2,30	0,010 695	2,07	0,008 101	1,86
368	0,019 774	2,59	0,014 497	2,31	0,010 813	2,08	0,008 189	1,87
370	0,019 989	2,61	0,014 655	2,32	0,010 930	2,09	0,008 279	1,88
372	0,020 206	2,62	0,014 814	2,33	0,011 049	2,10	0,008 368	1,89
374	0,020 424	2,64	0,014 974	2,35	0,011 168	2,11	0,008 459	1,90
376	0,020 643	2,65	0,015 134	2,36	0,011 288	2,12	0,008 549	1,91
378	0,020 863	2,66	0,015 296	2,37	0,011 408	2,13	0,008 640	1,93
380	0,021 084	2,68	0,015 458	2,39	0,011 529	2,14	0,008 732	1,94
382	0,021 307	2,69	0,015 621	2,40	0,011 651	2,16	0,008 824	1,95
384	0,021 531	2,71	0,015 785	2,41	0,011 773	2,17	0,008 917	1,96
386	0,021 755	2,72	0,015 950	2,43	0,011 896	2,18	0,009 010	1,97
388	0,021 981	2,74	0,016 116	2,44	0,012 020	2,19	0,009 104	1,98
390	0,022 209	2,75	0,016 282	2,45	0,012 144	2,20	0,009 198	1,99
392	0,022 437	2,76	0,016 450	2,46	0,012 269	2,21	0,009 292	2,00
394	0,022 666	2,78	0,016 618	2,48	0,012 394	2,22	0,009 387	2,01
396	0,022 897	2,79	0,016 787	2,49	0,012 520	2,23	0,009 483	2,02
398	0,023 129	2,81	0,016 957	2,50	0,012 647	2,25	0,009 579	2,03
400	0,023 362	2,82	0,017 128	2,52	0,012 775	2,26	0,009 675	2,04

$Q = 400\text{—}500$ Durchmesser: 425 mm—500 mm

Q	Durchmesser 425 mm		Durchmesser 450 mm		Durchmesser 475 mm		Durchmesser 500 mm	
	J	v	J	v	J	v	J	v
400	0,023 362	2,82	0,017 128	2,52	0,012 775	2,26	0,009 675	2,04
402	0,023 596	2,83	0,017 300	2,53	0,012 903	2,27	0,009 772	2,05
404	0,023 832	2,85	0,017 472	2,54	0,013 031	2,28	0,009 870	2,06
406	0,024 068	2,86	0,017 646	2,55	0,013 161	2,29	0,009 968	2,07
408	0,024 306	2,88	0,017 820	2,57	0,013 291	2,30	0,010 066	2,08
410	0,024 545	2,89	0,017 995	2,58	0,013 421	2,31	0,010 165	2,09
412	0,024 785	2,90	0,018 171	2,59	0,013 553	2,33	0,010 265	2,10
414	0,025 026	2,92	0,018 348	2,60	0,013 685	2,34	0,010 365	2,11
416	0,025 268	2,93	0,018 526	2,62	0,013 817	2,35	0,010 465	2,12
418	0,025 512	2,95	0,018 704	2,63	0,013 950	2,36	0,010 566	2,13
420	0,025 757	2,96	0,018 884	2,64	0,014 084	2,37	0,010 667	2,14
422	0,026 003	2,97	0,019 064	2,65	0,014 219	2,38	0,010 769	2,15
424	0,026 250	2,99	0,019 245	2,67	0,014 354	2,39	0,010 871	2,16
426	0,026 498	3,00	0,019 427	2,68	0,014 489	2,40	0,010 974	2,17
428	0,026 747	3,02	0,019 610	2,69	0,014 626	2,42	0,011 077	2,18
430	0,026 998	3,03	0,019 794	2,70	0,014 763	2,43	0,011 181	2,19
432	0,027 250	3,05	0,019 978	2,72	0,014 900	2,44	0,011 285	2,20
434	0,027 502	3,06	0,020 163	2,73	0,015 039	2,44	0,011 390	2,21
436	0,027 757	3,07	0,020 350	2,74	0,015 178	2,45	0,011 495	2,22
438	0,028 012	3,09	0,020 537	2,75	0,015 317	2,46	0,011 601	2,23
440	0,028 268	3,10	0,020 725	2,77	0,015 457	2,47	0,011 707	2,24
442	0,028 526	3,12	0,020 914	2,78	0,015 598	2,48	0,011 814	2,25
444	0,028 784	3,13	0,021 103	2,79	0,015 740	2,50	0,011 921	2,26
446	0,029 044	3,14	0,021 294	2,80	0,015 882	2,51	0,012 029	2,27
448	0,029 305	3,16	0,021 485	2,82	0,016 025	2,52	0,012 137	2,28
450	0,029 568	3,17	0,021 678	2,83	0,016 168	2,54	0,012 245	2,29
452			0,021 871	2,84	0,016 312	2,55	0,012 355	2,30
454			0,022 065	2,85	0,016 457	2,56	0,012 464	2,31
456			0,022 260	2,87	0,016 602	2,57	0,012 574	2,32
458			0,022 455	2,88	0,016 748	2,58	0,012 685	2,33
460			0,022 652	2,89	0,016 895	2,60	0,012 796	2,34
462			0,022 849	2,90	0,017 042	2,61	0,012 907	2,35
464			0,023 047	2,92	0,017 190	2,62	0,013 019	2,36
466			0,023 247	2,93	0,017 338	2,63	0,013 132	2,37
468			0,023 446	2,94	0,017 487	2,64	0,013 245	2,38
470			0,023 647	2,96	0,017 637	2,65	0,013 358	2,39
472			0,023 849	2,97	0,017 787	2,66	0,013 472	2,40
474			0,024 052	2,98	0,017 939	2,67	0,013 587	2,41
476			0,024 255	2,99	0,018 090	2,69	0,013 701	2,42
478			0,024 459	3,01	0,018 243	2,70	0,013 817	2,43
480			0,024 664	3,02	0,018 396	2,71	0,013 933	2,44
482			0,024 870	3,03	0,018 549	2,72	0,014 049	2,45
484			0,025 077	3,04	0,018 703	2,73	0,014 166	2,47
486			0,025 285	3,06	0,018 858	2,74	0,014 283	2,48
488			0,025 493	3,07	0,019 014	2,75	0,014 401	2,49
490			0,025 703	3,08	0,019 170	2,77	0,014 519	2,50
492			0,025 913	3,09	0,019 327	2,78	0,014 638	2,51
494			0,026 124	3,11	0,019 484	2,79	0,014 757	2,52
496			0,026 336	3,12	0,019 642	2,80	0,014 877	2,53
498			0,026 549	3,13	0,019 801	2,81	0,014 997	2,54
500			0,026 762	3,14	0,019 960	2,82	0,015 118	2,55

$Q = 500$—625 Durchmesser: 475 mm—500 mm

Q	Durchmesser 475 mm		Durchmesser 500 mm					
	J	v	J	v				
500	0,019 960	2,82	0,015 118	2,55				
505	0,020 362	2,85	0,015 422	2,57				
510	0,020 767	2,88	0,015 729	2,60				
515	0,021 176	2,91	0,016 039	2,62				
520	0,021 589	2,93	0,016 352	2,65				
525	0,022 006	2,96	0,016 667	2,67				
530	0,022 428	2,99	0,016 986	2,70				
535	0,022 853	3,02	0,017 308	2,72				
540	0,023 282	3,05	0,017 634	2,75				
545	0,023 715	3,08	0,017 962	2,78				
550	0,024 152	3,10	0,018 293	2,80				
555	0,024 593	3,13	0,018 627	2,83				
560	0,025 038	3,16	0,018 964	2,85				
565	0,025 487	3,19	0,019 304	2,88				
570	0,025 941	3,22	0,019 647	2,90				
575	0,026 398	3,24	0,019 993	2,93				
580	0,026 859	3,27	0,020 343	2,95				
585	0,027 324	3,30	0,020 695	2,98				
590	0,027 793	3,33	0,021 050	3,00				
595	0,028 266	3,36	0,021 408	3,03				
600	0,028 743	3,39	0,021 770	3,06				
605	0,029 224	3,41	0,022 134	3,08				
610	0,029 709	3,44	0,022 501	3,11				
615	0,030 198	3,47	0,022 872	3,13				
620	0,030 691	3,50	0,023 245	3,16				
625	0,031 188	3,53	0,023 622	3,18				

MIX
Papier aus verantwortungsvollen Quellen
Paper from responsible sources
FSC® C105338

If you have any concerns about our products,
you can contact us on
ProductSafety@springernature.com

In case Publisher is established outside the EU,
the EU authorized representative is:
**Springer Nature Customer Service Center GmbH
Europaplatz 3, 69115 Heidelberg, Germany**

Printed by Libri Plureos GmbH
in Hamburg, Germany